이공학도를 위한

대학수학

CALCULUS FOR ENGINEERS AND SCIENTISTS

이공학도를 위한

대학 수학

최설희 · 박경수 지음

KM 경문사

머리말

Preface

뉴턴과 라이프니츠에 의한 미분과 적분의 발명으로 시작된 미적분학은 이후 눈부시게 발전을 거듭하였다. 자연과학, 공학, 인문사회과학 등 학문 전 분야에서 어려운 문제의 해결의 길을 열어주며 다양하게 응용되어 왔다. 영역의 넓이, 입체의 부피, 물체의 운동, 구조물의 역학, 생산과 소비에 관련된 법칙, 다양한 최적화 문제 등을 해결하는 데 필수 불가결한 도구가 되었다.

이 책은 미적분학의 기초를 익히고 응용할 수 있도록 설계되었으며 공과대학 1학년 학생들을 대상으로 1년 동안 강의할 분량으로 구성되었다. 필요한 개념은 이해하기 쉽도록 정리하였고 충분한 연습을 할 수 있도록 다양한 예제와 연습문제를 실었다.

▷ 제1장에서는 미적분학의 기초인 실수와 함수를 다루고 있다. 기초가 부족한 학생들을 위하여 실수의 성질과 연산을 설명한다. 또, 지수함수와 로그함수를 상세하게 다루고 있으며 삼각함수에서 그 역함수를 얻는 과정을 이해하기 쉽게 기술하였다.

▷ 제2장에서는 극한에 대하여 설명하고 있다. 함수의 극한은 미분과 적분의 정의에 필수적인 요소로서 반드시 선행되어야 하는 과정이다.

▷ 제3장에서는 미분을 정의하고 도함수를 계산한다. 지수함수와 로그함수를 포함한 다양한 함수에 대한 미분을 설명한다.

▷ 제4장에서는 도함수를 응용하여 함수의 증가와 감소를 알아보고 극댓값과 극솟값을 계산한다. 미분가능한 함수에 적용할 수 있는 로피탈의 정리, 평균값 정리 등도 이 장에서 다룬다.

▷ 제5장에서는 극좌표에 대하여 알아본다. 직교좌표와 극좌표의 관계를 설명하며 극좌표 방정식으로 얻어지는 그래프를 그려본다.

▷ 제6장에서는 적분법에 대하여 설명하고 있다. 미분의 역연산으로 정의되는 부정적분, 미적분학의 기본 정리를 통한 정적분의 계산을 도입하였다. 정적분의 응용으로 영역의 넓이, 입체의 부피를 계산하는 방법을 알아본다.

▷ 제7장에서는 무한급수에 대하여 알아본다. 무한급수의 수렴·발산을 판정하기 위하여 다양한 판정법을 소개하고 있다. 미분가능한 함수의 테일러 급수와 매클로린 급수를 정의하고 계산한다.

▷ 제8장에서는 다변수 함수의 미분과 적분에 대하여 알아본다. 편도함수와 다중적분, 그리고 그 응용을 다루고 있다.

▷ 제9장에서는 벡터와 행렬을 소개한다. 벡터의 연산에 대하여 알아보고 행렬식을 계산한다.

이 책은 미적분학의 이론을 알아보기 쉽게 정리하였으며 쉬운 문제와 어려운 문제를 골고루 다루고 있다. 이 책을 잘 활용하여 좋은 성과를 이루기 바란다.

저자 일동

차례

Contents

제 1 장 | 함 수

제 2 장 | 함수의 극한과 연속

제 3 장 | 도함수

제 4 장 | 도함수의 응용

제 5 장 | 극좌표

제 6 장 | 적 분

제 7 장 | 급 수

제 8 장 | 다변수 함수의 미분과 적분

제 9 장 | 벡터와 행렬

이공학도를
위 한
대학수학

제 1 장
함수

라이프니츠(Leibeniz, 1646~1716)는 곡선의 기울기나 곡선상의 특정한 점을 지정하기 위해 함수라는 말을 처음으로 사용하였다. 이후 많은 수학자에 의하여 함수가 재정의 되었고 오늘날 함수는 변화하는 두 양 사이의 관계를 나타내는 개념으로 앞으로 배울 미분 및 적분이나 그 외 모든 장을 이해하는 데 꼭 필요한 분야가 되었다.

이 장에서는 미적분학을 공부하기 이전에 습득해야 할 함수에 대한 여러 가지 기초개념을 소개한다. 실수와 연산, 직선의 방정식 등 기본적인 연산과 수의 개념을 대략적으로 배우고 함수의 정의를 소개하고 그래프를 통하여 각 함수의 성질을 이해한다. 또한 지수함수와 로그함수와의 관계, 로그함수의 성질, 삼각함수의 정의와 여러 가지 공식에 대하여 배운다.

1.1 실수와 연산

실수는 미적분학을 공부하는 데 있어서 매우 중요하다. 미적분학은 실수의 많은 성질 위에 그 기초를 두고 있기 때문이다. 일반적으로 실수는 직선 위의 점에 일대일 대응시켜 표시한다. 즉, 실수 0에 대응되는 점 O를 원점이라 하고, 직선 위의 점에 대응시킨 수는 그 점의 좌표라고 한다. 이렇게 주어진 직선을 수직선 또는 실직선(real line)이라고 한다. 실수의 여러 가지 성질 중에 순서의 성질과 대수적 성질은 가장 기본적인 실수의 성질이라고 할 수 있다. 이 두 성질은 앞으로 다룰 수학의 여러 가지 개념을 이해하는 데 매우 중요하다. 따라서 이 두 성질을 먼저 살펴보고 실수의 완비성에 관하여 알아보고자 한다.

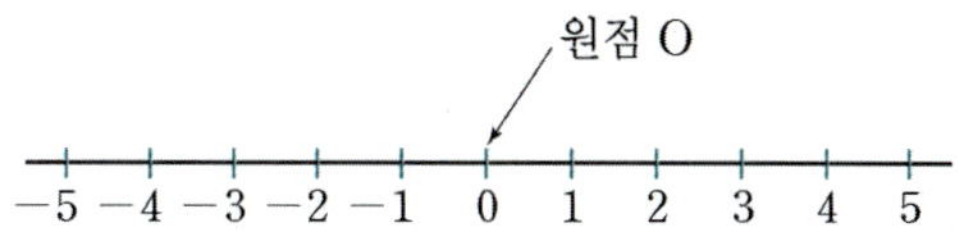

그림 1.1

모든 실수의 집합을 기호 $\mathbb{R}$로 표시하며, 자연수들의 집합을 $\mathbb{N}$, 정수들의 집합을 $\mathbb{Z}$, 유리수들의 집합을 $\mathbb{Q}$로 표시한다. 집합기호로 표시하면 다음과 같다.

$$\mathbb{N} = \{1, 2, \cdots, n, \cdots\}$$
$$\mathbb{Z} = \{\cdots, -3, -2, -1, 0, 1, 2, 3, \cdots\}$$
$$\mathbb{Q} = \left\{x \mid x = \frac{m}{n},\ m, n \in Z,\ n \neq 0,\ m\text{와 } n\text{는 서로소}\right\}$$

$\mathbb{R}$: 모든 실수의 집합

실수를 분류하면 다음과 같다.

- 실수
  - 유리수
    - 정수
      - 양의 정수
      - 0
      - 음의 정수
    - 정수가 아닌 유리수
      - 유한소수
      - 순환하는 무한소수
  - 무리수 …… 순환하지 않는 무한소수

예를 들면, 유리수에는 $0.5 = \frac{1}{2}$, $0.454545\cdots = \frac{45}{99} = \frac{5}{11}$과 같은 수가 포함되며 무리수는 순환하지 않는 무한소수로서 $\sqrt{2} = 1.414213\cdots$, $\sqrt{3} = 1.7320508\cdots$, $\pi = 3.14159\cdots$ 등을 들 수 있다.

(1) 순서의 성질 (order properties)

실수는 부등호를 사용하여 임의의 두 수의 크기를 비교할 수 있다. 실수의 대소 관계의 기본성질은 다음과 같다.

임의의 원소 $a, b, c \in \mathbb{R}$에 대하여

[1] $a < b$, $a = b$, $a > b$ 중 한 경우만이 성립한다.

[2] $a > 0$이면, $-a < 0$이고, $a < 0$이면 $-a > 0$이다.

[3] $a > 0$, $b > 0$이면, $a + b > 0$이고, $ab > 0$이다.

[4] $a > b$, $b > c$이면 $a > c$이다.

[5] $a > b$이면 $a + c > b + c$이다.

[6] $a > b$, $c > 0$이면 $ac > bc$이다.

[7] $a > b$, $c < 0$이면 $ac < bc$이다.

실수의 부분집합을 구간으로 표시할 수 있다. 즉, 임의의 두 실수 a, b에 대하여 열린구간, 닫힌구간, 반열린구간을 다음과 같이 표시한다.

열린구간 : $(a, b) = \{x \mid a < x < b\}$

닫힌구간 : $[a, b] = \{x \mid a \le x \le b\}$

반열린구간 : $[a, b) = \{x \mid a \le x < b\}$, $(a, b] = \{x \mid a < x \le b\}$

무한구간에서는 $[a, \infty) = \{x \mid x \ge a\}$와 $(-\infty, b] = \{x \mid \le b\}$는 닫힌구간이며 $(a, \infty) = \{x \mid x > a\}$와 $(-\infty, b) = \{x \mid x < b\}$는 열린구간이다.

$(-\infty, \infty) = \mathbb{R}$은 닫힌구간인 동시에 열린구간이다.

예제 1.1.1 다음의 각 구간을 부등호를 사용하여 집합의 기호로 표시하여라.

(1) $(1, 5)$　　(2) $[-3, 3]$

(3) $(-\infty, -5)$　　(4) $[2, \infty)$

풀이 (1) $\{x \mid 1 < x < 5\}$　　(2) $\{x \mid -3 \le x \le 3\}$

(3) $\{x \mid x < -5\}$　　(4) $\{x \mid x \ge 2\}$

예제 1.1.2 다음의 집합을 구간의 기호로 표시하여라.

(1) $\{x|2<x<6\}$　　(2) $\{x|-5\leq x<3\}$

(3) $\{x|x<1\}$　　(4) $\{x|x\geq -3\}$

풀이 (1) $(2,\ 6)$　　(2) $[-5,\ 3)$

(3) $(-\infty,\ 1)$　　(4) $[-3,\ \infty)$

예제 1.1.3 다음의 집합을 구간의 기호로 표시하여라.

(1) $\{x|x^2+x-12<0\}$　　(2) $\{x|x^2+2x-8\leq 0\}$

(3) $\{x|x^2+2x-15>0\}$　　(4) $\{x|x^2+2x-24\geq 0\}$

풀이 (1) 이차 부등식의 해의 집합을 구하면

$$x^2+x-12<0$$
$$(x+4)(x-3)<0$$
$$-4<x<3$$

따라서 $\{x|x^2+x-12<0\}=(-4,\ 3)$

(2) 이차 부등식 $x^2+2x-8\leq 0$의 해의 집합을 구하면

$$(x+4)(x-2)\leq 0$$
$$-4\leq x\leq 2$$

따라서 $\{x|x^2+2x-8\leq 0\}=[-4,\ 2]$

(3) 이차 부등식 $x^2+2x-15>0$의 해의 집합을 구하면

$$(x+5)(x-3)>0$$
$$x<-5,\ x>3$$

따라서 $\{x|x^2+2x-15>0\}=(-\infty,\ -5)\cup(3,\ \infty)$

(4) 위와 마찬가지로 $x^2+2x-24\geq 0$의 해의 집합을 구하면

$$(x+6)(x-4)\geq 0$$
$$x\leq -6,\ x\geq 4$$

따라서 $\{x|x^2+2x-24\geq 0\}=(-\infty,\ -6]\cup[4,\ \infty)$

실수는 절댓값을 사용하여 다음과 같이 거리를 표시할 수 있다.

정의 1.1.1

임의의 실수 $a \in \mathbb{R}$에 대하여 $|a|$를 a의 절댓값 또는 원점 O에서 a까지의 거리라고 하고 다음과 같이 정의한다.

$$|a| = \begin{cases} a, & a \geq 0\text{일 때} \\ -a, & a < 0\text{일 때} \end{cases}$$

예제 1.1.4 $-1 < x < 3$일 때 $|x+3| + |x-5|$을 간단히 하여라.

풀이 $x+3 \geq 0$이므로 $|x+3| = x+3$,

$x-5 < 0$이므로 $|x-5| = -(x-5) = -x+5$

$\therefore\ |x+3| + |x-4| = (x+3) + (-x+5) = 8$

예제 1.1.5 다음 식을 만족하는 실수 x의 값을 구하여라.

(1) $|-3| = x$　　(2) $|x| = 7$

(3) $|-x| = 5$　　(4) $|2x-5| = 2$

풀이 (1) $|-3| = 3$이므로　$x = 3$

(2) $x \geq 0$일 때 $|x| = x$　$\therefore\ x = 7$

$x < 0$일 때 $-|x| = x$　$\therefore\ x = -7$

(3) $-x \geq 0$일 때, 즉, $x \leq 0$일 때, $|-x| = -x$　$\therefore\ x = -5$

$-x < 0$일 때, 즉, $x > 0$일 때, $|-x| = x$　$\therefore\ x = 5$

(4) $2x-5 \geq 0$일 때, 즉, $x \geq \frac{5}{2}$일 때, $|2x-5| = 2x-5 = 2$　$\therefore x = \frac{7}{2}$

$2x-5 < 0$일 때, 즉, $x < \frac{5}{2}$일 때, $|2x-5| = -(2x-5) = 2$

$\therefore\ x = \frac{3}{2}$

정의 1.1.2

a, b, x가 실수이고 n이 정수일 때 다음이 성립한다.

(1) $|a| \geq 0$　　(2) $|-a| = |a|$

(3) $-|a| \leq a \leq |a|$　　(4) $|ab| = |a||b|$

(5) $\left|\frac{a}{b}\right| = \frac{|a|}{|b|}$　$(b \neq 0)$　　(6) $|a^n| = |a|^n$

(7) $a > 0$일 때 $|x| < a \Leftrightarrow -a < x < a$

(2) 대수적 성질(algebraic properties)

실수의 대수적 성질이란 실수 위에 정의된 일반적인 연산인 덧셈과 곱셈이 가능하다는 것이다. 덧셈과 곱셈에 대한 다음 법칙들이 존재한다.

임의의 원소 $a, b, c \in \mathbb{R}$에 대하여

		실수의 덧셈	실수의 곱셈
[1]	닫혀 있다	$a+b \in \mathbb{R}$	$ab \in \mathbb{R}$
[2]	교환법칙	$a+b=b+a$	$ab=ba$
[3]	결합법칙	$(a+b)+c=a+(b+c)$	$(ab)c=a(bc)$
[4]	항등원	$a+0=0+a=a$	$a \cdot 1=1 \cdot a=a$
[5]	역원	$a+(-a)=(-a)+a=0$	$a \cdot \frac{1}{a}=\frac{1}{a} \cdot a=1 \quad (a \neq 0)$
[6]	분배법칙	$a(b+c)=ab+ac$	

예제 1.1.6 $0+0=0$임을 보여라.

풀이 실수의 덧셈에 관한 항등원의 정의에 의하여 임의의 실수 $x \in R$는 $x+0=x$를 만족한다. 0도 실수 R의 원소이므로 x 대신 0을 대입하면 $0+0=0$이 성립한다.

예제 1.1.7 $ax=bx \ (x \neq 0)$이면 $a=b$임을 보여라.

풀이 실수의 곱셈에 대한 역원의 정의에 의하여 $x \neq 0$이면 x의 역원 $\frac{1}{x}=x^{-1}$이 존재하여 $x \cdot x^{-1}=1$이 성립한다. $ax=bx$의 양변에 x^{-1}을 곱하면

$$\begin{aligned}(ax)x^{-1}=(bx)x^{-1} &\Rightarrow a(xx^{-1})=b(xx^{-1}) \\ &\Rightarrow a \cdot 1=b \cdot 1 \\ &\Rightarrow a=b\end{aligned}$$

실수의 덧셈과 곱셈을 이용하여 여러 가지 새로운 연산을 실수 위에 정의할 수 있다. 다음 예제를 통하여 새로운 연산에 대한 여러 가지 성질을 살펴본다.

예제 1.1.8 두 실수 a, b에 대하여 다음과 같이 연산을 정의할 때

$$a \odot b=ab+a+1$$

$(2 \odot 4) \odot 3$의 값을 구하여라.

풀이 $(2 \odot 4) \odot 3 = 11 \odot 3 = 33 + 11 + 1 = 45$

예제 1.1.9 두 실수 a, b에 대하여 다음과 같이 연산을 정의한다.

$$a \odot b = ab + a + b$$

(1) 이 연산에서 교환법칙이 성립하는가?

(2) $(-2 \odot 3) \odot 4$의 값을 구하여라.

풀이 (1) $a \odot b = ab + a + b$

$$= ba + b + a$$

$$= b \odot a$$

따라서 교환법칙이 성립한다.

(2) $(-2 \odot 3) \odot 4 = -5 \odot 4 = -21$

예제 1.1.10 실수 a, b에 대하여 연산 $*$를 $a*b = (a+1)(b+1) - 1$로 정의할 때 연산 $*$에 대한 항등원을 구하고, 5에 대한 역원을 구하여라.

풀이 연산 $*$에 대한 항등원을 e라고 하자면, 임의의 실수 a에 대하여 $a*e = e*a = a$를 만족한다. 즉, $(a+1)(e+1) - 1 = a$이므로 $e = 0$이다. 5의 역원을 x라 하면 $5*x = x*5 = 0$이고, $(5+1)(x+1) - 1 = 0$

$$\therefore \quad x = -\frac{5}{6}$$

예제 1.1.11 실수 전체의 집합에서 $\circ$를 $a \circ b = ma + b$로 정의할 때 연산 $\circ$에 대한 교환법칙이 성립하도록 하는 m의 값을 구하여라.

풀이 교환법칙이 성립하려면 임의의 실수 a, b에 대하여 $a \circ b = b \circ a$를 만족해야 한다. 즉,

$$ma + b = mb + a,$$
$$m(a - b) - (a - b) = 0,$$
$$(a - b)(m - 1) = 0$$

여기서, a, b는 임의의 실수이므로 $m = 1$이다.

예제 1.1.12 두 실수 $a, b(a \neq 0,\ b \neq 0)$에 대하여 $a > b$일 때 다음 중 옳은 것을 찾아라.

(1) $a-b>0$　　(2) $a^2 > b^2$

(3) $\frac{1}{a} > \frac{1}{b}$　　(4) $ab > 0$

풀이 (1) $a > b \Leftrightarrow a-b>0$　　(2) $a=1,\ b=-2$이면 $a^2 < b^2$

(3) $a=4,\ b=3$이면 $\frac{1}{a} < \frac{1}{b}$　　(4) $a=1,\ b=-1$이면 $ab<0$

그러므로 옳은 것은 (1)이다.

예제 1.1.13 두 실수 a, b가 $a > b$이고 $|a| = |b|$ 다음 중 옳은 것을 찾아라.

(1) $a+b=0$　　(2) $a-b>0$

(3) $a^2 > b^2$　　(4) $a^2 = b^2$

풀이 $a > b$이고 $|a| = |b|$이므로 $a=-b,\ a>0$이다.

(1) $a+b = a+(-a) = 0$

(2) $a-b = a+a = 2a, \quad \therefore\ a-b>0$

(3), (4) $a^2 - b^2 = (a+b)(a-b) = 0 \cdot (a-b) = 0, \quad \therefore a^2 = b^2$

따라서 옳은 것은 (1), (2), (4)이다.

(3) 실수의 완비성(completeness)

실수는 수직선상에서 빈틈없이 이어져 있는데 이를 실수의 완비성 또는 실수의 연속성이라고 한다. 이러한 성질은 3장의 극한의 개념의 본질이 된다고 할 수 있다.

정의 1.1.3

임의의 집합 $B \subset \mathbb{R},\ B \neq \varnothing$에 대하여

(i) 임의의 $x \in B,\ x \leq a$일 때 a를 B의 상계(upper bound)라 하고, 집합 B의 상계 중 가장 작은 상계를 최소상계(least upper bounded 또는 supremum)라 한다.

(ii) 임의의 $x \in B,\ x \geq b$일 때 b를 B의 하계(lower bound)라 하고, 집합 B의 하계 중 가장 큰 하계를 최대하계(greatest lower bounded 또는 infimum)라고

한다.

(iii) 집합 B의 상계가 존재하면 B는 위로 유계(bounded above)라 하고, 집합 B의 하계가 존재하면 B는 아래로 유계(bounded belower)라고 한다.

예제 1.1.14 $A=\left\{1, \frac{1}{2}, \frac{2}{3}, \frac{3}{4}, \cdots \frac{n-1}{n}, \cdots\right\}$에서 A의 상계와 최소상계를 구하여라.

풀이 A에 속하는 모든 원소는 1보다 크지 않다. 따라서 1은 A의 상계이다. 또, $a \geq 1$인 모든 실수 a는 A의 상계이다. 1보다 조금이라도 작은 실수 c에 대하여 $c < m < 1$인 $m \in A$이 존재하므로 1은 A의 최소상계이다.

예제 1.1.15 $A=(-3,\ 7]$라 할 때 A의 하계와 최대하계를 구하여라.

풀이 A에 속하는 모든 원소는 -3보다 크다. 따라서 A의 하계는 -3이다. 따라서 $b \leq -3$인 모든 실수 b는 A의 하계이다. -3보다 조금이라도 큰 실수 c에 대하여 $-3 < x < c$인 x가 A에 존재하므로 -3은 A의 최대하계이다.

정의 1.1.4 실수의 완성

임의의 집합 $B \subset \mathbb{R}$, $B \neq \varnothing$에 대하여 B가 위로 유계이면 반드시 최소상계를 갖는다.

예제 1.1.16 $A=(-1, 9)$라 할 때 A의 최소상계를 구하여라.

풀이 A에 속하는 모든 원소는 9보다 작다. 따라서 9는 A의 상계이다. 따라서 $9 \leq a$인 모든 실수 a는 A의 상계가 된다. 9보다 조금이라도 작은 실수 d에 대하여 $d < x < 9$인 x가 A에 존재하므로 9는 A의 최소상계이다.

1.1 연 | 습 | 문 | 제

1 다음 집합을 구간 기호로 표시하여라.

(1) $\{x \mid -2 < x \le 6\}$　　(2) $\{x \mid a \le x \le a+3\}$

(3) $\{x \mid x \ge 1\}$　　(4) $\{x \mid x^2+5x+6 \le 0\}$

(5) $\left\{x \,\middle|\, \dfrac{1}{x-2} > o\right\}$　　(6) $\{x \mid x^2-2x-15 > 0\}$

2 다음 집합에서 상계, 최소상계 또는 하계, 최대하계가 존재하는지 판정하고 존재하면 그 값을 구하여라.

(1) $A=(2, 7)$　　(2) $B=(-1, 5]$

(3) $C=\left\{\dfrac{1}{n} \mid n \in N\right\}$　　(4) $D=\{1, 2, 3. \cdots, n, \cdots\}$

(5) $E=(-\infty, 0]$　　(6) $F=(-2, \infty)$

3 두 실수 a, b에 대하여 다음과 같이 연산을 정의한다.

$$a \odot b = (a+1)(b+1)-1$$

(1) 이 연산에서 교환법칙이 성립하는가?

(2) 항등원이 있으면 구하여라.

(3) 4의 역원이 있으면 구하여라.

4 집합 $A=\{(x, y) \mid x, y \in \mathbb{R}\}$라 하자. A의 임의의 원소 (a, b), (c, d)에 대하여 연산 $\otimes$와 $=$를 다음과 같이 정의한다.

$$(a, b)=(c, d) \Leftrightarrow a=c,\ b=d$$
$$(a, b) \otimes (c, d)=(ac+d, bc+d)$$

(1) 집합 A의 연산 $\otimes$에 대한 항등원을 구하여라.

(2) $(2, 3)$에 대한 역원을 구하여라.

5 다음을 만족하는 실수 x의 값을 구하여라.

(1) $|x|=3$　　(2) $|x-2|=5$

(3) $|x-5|=4$　　(4) $|x-3|=4$

6 다음을 간단히 하여라.

(1) $|\sqrt{5}-2|$　　(2) $|3-\sqrt{8}|-|3+\sqrt{8}|$

(3) $3(1+2\sqrt{5})$　　(4) $\sqrt{7}(\sqrt{2}+4\sqrt{7})$

7 다음을 간단히 하여라.

(1) $-2<x<5$일 때, $|x-5|+|x+2|$

(2) $-1<x<3$일 때, $|x-3|+|x+1|$

(3) $-5<x<1$일 때, $|x-1|+|x+7|$

(4) $-3<x<4$일 때, $|x-4|+|x+5|$

8 다음 세 실수 A, B, C의 대소를 비교하여라.

$$A=1+2\sqrt{6},\ B=6+\sqrt{6},\ C=10-\sqrt{6}$$

9 실수 전체의 집합에서 $\sqrt{5}-\sqrt{3}$의 덧셈, 곱셈에 대한 역원을 각각 구하여라.

10 x가 실수일 때 $|2a+|a||-|2a-|a||$를 간단히 하여라.

11 실수 전체의 집합에서 0 아닌 임의의 두 실수 a, b에 대하여 $\circ$를 $a\circ b=a+kb$로 정의할 때 연산 $\circ$에 대한 결합법칙이 성립하기 위한 k의 값을 모두 구하여라.

12 실수 전체의 집합에서 임의의 두 실수 a, b에 대하여 연산 $*$를 $a*b=ab-(a+b)+2$로 정의할 때 연산 $*$에 대한 역원이 존재하지 않는 실수를 구하여라.

13 두 실수 a, b에 대하여 $a-b<0$, $ab<0$일 때 $||a|+|b||$를 계산하여라.

14 서로 다른 네 실수 a, b, c, d가 $a>b$, $c>d$를 만족할 때 다음 중 옳은 것은?

(1) $a-d>b-c$ (2) $ac<bd$

(3) $a-c>b-d$ (4) $\dfrac{1}{bd}>\dfrac{1}{ac}$

1.2 직선의 방정식

그림 1.2와 같이 평면 위에 두 수직선 x축과 y축이 원점에서 수직으로 만난다고 하자. 평면 위의 모든 점은 두 실수의 순서쌍으로 그 위치를 나타낼 수 있다. 즉, 점 P를 지나고 양축에 수직인 직선을 그어 x축과 만나는 점을 a라 하고 y축과 만나는 점을 b라고 하면 P는 순서쌍 $(a,\ b)$로 나타내어진다. 이와 같이 점 P와 순서쌍 $(a,\ b)$를 일대일 대응시켜서 생성된 좌표계를 직교좌표계(rectangular coordinate system) 또는 데카르트 좌표계(cartesian coordinate system)라 하고 이 좌표계가 주어진 평면을 좌표평면(coordinate plane) 또는 데카르트 평면(cartesian plane)이라 한다. 일반적으로 평면이라고 말할 때에는 데카르트 평면을 의미하며 다음과 같이 곱집합을 이용하여 표현한다.

$$\mathbb{R}^2 = \mathbb{R} \times \mathbb{R} = \{(x,\ y) \mid x,\ y \in \mathbb{R}\}$$

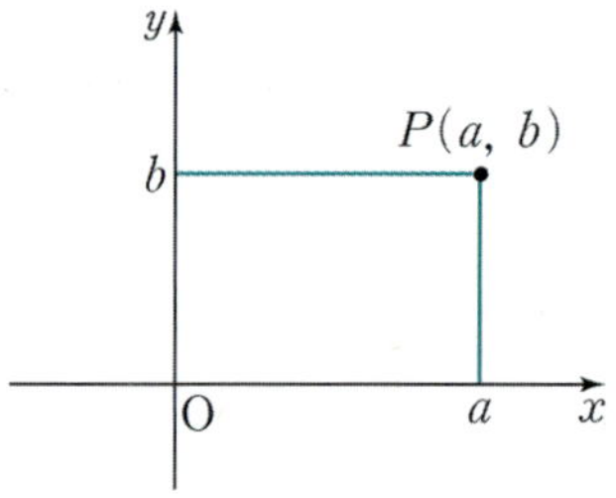

그림 1.2

❙ 수직선 위의 두 점 사이의 거리

수직선 위의 두 점 $A(x_1)$과 $B(x_2)$ 사이의 거리 $\overline{AB}$

$$\overline{AB} = |x_2 - x_1|$$

예를 들면, 수직선 위의 두 점 $A(-3)$, $B(2)$ 사이의 거리 $\overline{AB}$

$$\overline{AB} = |2-(-3)| = 5$$

이다.

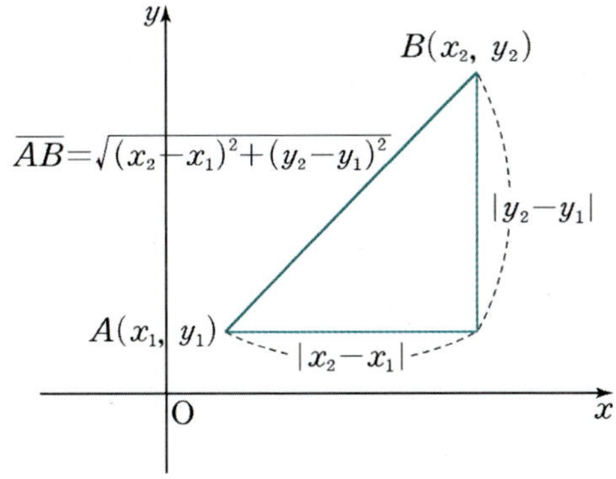

그림 1.3

▎평면 위의 두 점 사이의 거리

좌표평면 위의 두 점 $A(x_1, y_1)$과 $B(x_2, y_2)$ 사이의 거리

$$\overline{AB} = \sqrt{(x_2 - x_1)^2 + (y_2 - y_1)^2}$$

예를 들면, 좌표평면 위의 두 점 $A(2, 1)$, $B(3, -4)$ 사이의 거리는

$$\overline{AB} = \sqrt{(3-2)^2 + (-4-1)^2} = \sqrt{26}$$

이다.

정의 1.2.1 직선의 기울기

좌표평면 위의 두 점 $A(x_1, y_1)$과 $B(x_2, y_2)$, $x_1 \neq x_2$를 지나는 직선의 기울기(slope) m은

$$m = \frac{y_2 - y_1}{x_2 - x_1}$$

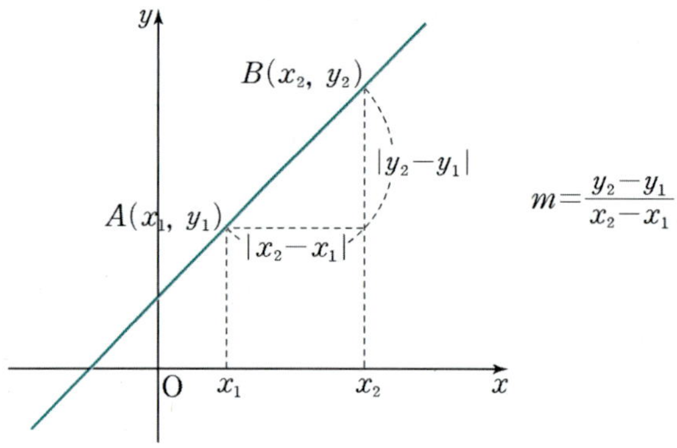

그림 1.4

예제 1.2.1 세 점 $A(0,\ -2)$, $B(5,\ -1)$, $C(1,\ 3)$를 꼭짓점으로 하는 ΔABC에 대하여 다음 물음에 답하여라.

(1) 세 변 AB, BC, CA의 길이를 구하여라.

(2) 이 삼각형 ABC는 어떤 삼각형인가?

풀이 (1) $\overline{AB}=\sqrt{(5-0)^2+(-1+2)^2}=\sqrt{26}$

$\overline{BC}=\sqrt{(1-5)^2+(3+1)^2}=\sqrt{32}=4\sqrt{2}$

$\overline{CA}=\sqrt{(1-0)^2+(3+2)^2}=\sqrt{26}$

(2) 두 변 AB와 AC의 길이가 같으므로 이등변 삼각형이다.

예제 1.2.2 두 점 $A(1,\ 1)$, $B(4,\ 5)$로부터 같은 거리에 있는 x축 위의 점 P의 좌표를 구하여라.

풀이 구하는 점 P의 좌표를 $P(a,\ 0)$이라고 하면 $\overline{AP}=\overline{BP}$이므로

$$(a-1)^2+(-1)^2=(4-a)^2+5^2$$

$$a^2-2a+1+1=16-8a+a^2+25$$

$$6a=39,\quad a=\frac{13}{2}$$

$$\therefore\ P\left(\frac{13}{2},\ 0\right)$$

(1) 기울기가 m이고, y 절편이 b인 직선의 방정식

$$y = mx + b$$

(2) 한 점과 기울기가 주어진 직선의 방정식

점 $A(x_1, y_1)$을 지나고 기울기가 m인 직선의 방정식은

$$y - y_1 = m(x - x_1)$$

예를 들면, 점 $(-1, 3)$을 지나고 기울기가 5인 직선의 방정식은

$$y - 3 = (5x - (-1))$$
$$\therefore\ y = 5x + 8$$

예제 1.2.3 다음 직선의 방정식을 구하여라.

(1) 기울기가 -4이고 점 $(-3, 1)$을 지나는 직선

(2) 점 $(-2, 3)$을 지나고 기울기가 0인 직선

(3) x절편이 -2이고, 기울기가 2인 직선

(4) x의 증가량이 3일 때 y의 증가량이 -2이고, 점 $(5, 7)$ 지나는 직선

풀이 (1) $y - 1 = -4(x + 3)\quad \therefore\ y = -4x - 11$

(2) $y - 3 = 0 \cdot (x + 2) = 0\quad \therefore\ y = 3$

(3) 이 직선은 x절편이 -2이므로 $(-2, 0)$을 지난다.

따라서 $y - 0 = 2(x + 2)\quad \therefore\ y = 2x + 4$

(4) x의 증가량이 3일 때 y 증가량이 -2이므로 기울기가 $-\dfrac{2}{3}$이다. 따라서

$$y - 7 = -\frac{2}{3}(x - 5)$$
$$\therefore\ y = -\frac{2}{3}x + \frac{31}{3}$$

기울기가 양인 직선이 x축과 이루는 각의 크기를 $\theta\ (0° < \theta < 90°)$라 할 때, 직선의 기울기는 $\tan\theta = \dfrac{dy}{dx} = \dfrac{b}{a}$이다.

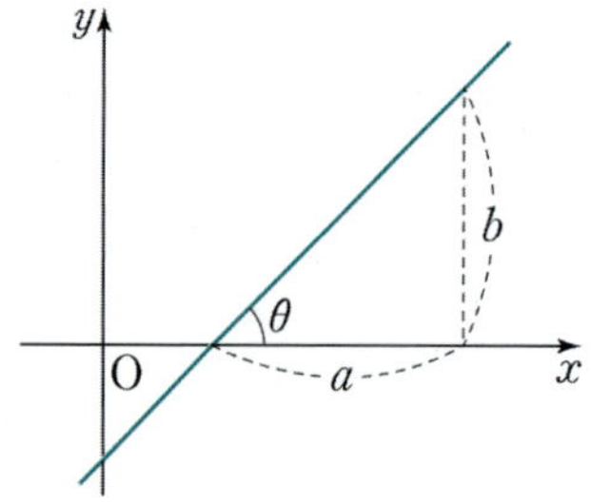

그림 1.5

예제 1.2.4 점 $(\sqrt{3}, 2)$를 지나고 x축과 이루는 각의 크기가 60°인 직선 중 기울기가 양인 것의 방정식을 구하여라.

풀이 구하는 직선의 기울기는 $\tan 60° = \sqrt{3}$ 이다. 그러므로 직선의 방정식은

$$y - 2 = \sqrt{3}(x - \sqrt{3})$$
$$\therefore\ y = \sqrt{3}x - 1$$

(3) 두 점을 지나는 직선의 방정식

서로 다른 두 점 $A(x_1, y_1)$, $B(x_1, y_1)$을 지나는 직선의 방정식은

$$y - y_1 = \frac{y_2 - y_1}{x_2 - x_1}(x - x_1)$$

예를 들면, 두 점 $(2, 3)$, $(4, -5)$을 지나는 직선의 방정식은

$$y - 3 = \frac{-5-3}{4-2}(x - 2)$$

즉, $y = -4x + 11$이다.

예제 1.2.5 다음 두 점을 지나는 직선의 방정식을 구하여라.

(1) $A(1, 2)$, $B(5, -3)$　　(2) $A(4, 1)$, $B(2, -3)$

(3) $A(-3, 2)$, $B(1, 5)$　　(4) $A(1, 1)$, $B(-4, 2)$

풀이 (1) 두 점 $A(1, 2)$, $B(5, -3)$을 지나는 직선의 방정식은

$$y - 2 = \frac{-3-2}{5-1}(x - 1)$$ 이다.

따라서 $y=-\frac{5}{4}x+\frac{13}{4}$이다.

(2) 구하는 직선의 방정식은 $y-1=\frac{-3-1}{2-4}(x-4)$이므로
$y=2x-7$이다.

(3) 구하는 직선의 방정식은 $y-2=\frac{5-2}{1-(-3)}\{x-(-3)\}$이므로
$y=\frac{3}{4}x+\frac{17}{4}$이다.

(4) 구하는 직선의 방정식은 $y-1=\frac{2-1}{-4-1}(x-1)$이므로
$y=-\frac{1}{5}x+\frac{6}{5}$이다.

좌표평면 위의 직선의 방정식은 x, y에 대한 일차방정식이다. 역으로, x, y에 대한 일차방정식 $ax+by+c=0(a\neq 0$ 또는 $b\neq 0)$은

$$y=-\frac{a}{b}x-\frac{c}{b}(b\neq 0)$$
$$x=-\frac{c}{a}(b=0,\ a\neq 0)$$

로 나타낼 수 있다. 이때 $-\frac{a}{b}$는 직선의 기울기를 나타내고, $-\frac{c}{b}$는 직선의 y축 절편을 나타낸다. 따라서 일차방정식 $ax+by+c=0(a\neq 0$ 또는 $b\neq 0)$의 그래프는 좌표평면 위의 직선을 나타낸다.

예제 1.2.6 다음 일차방정식이 나타내는 직선을 그려라.

(1) $y=x+2$ (2) $y+2x-3=0$

(3) $x-3=0$ (4) $y-2=0$

풀이

(1)

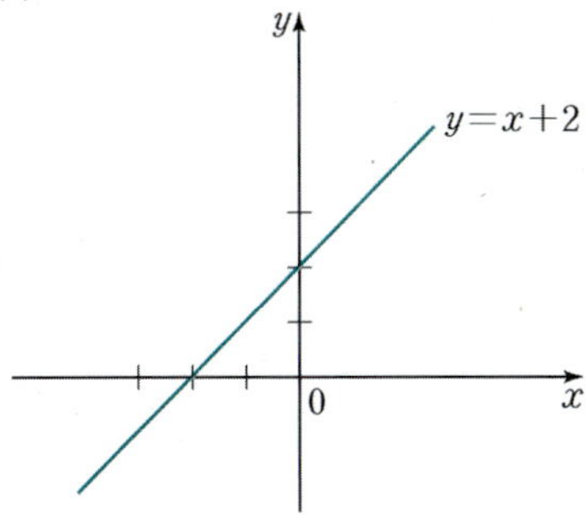

(2)

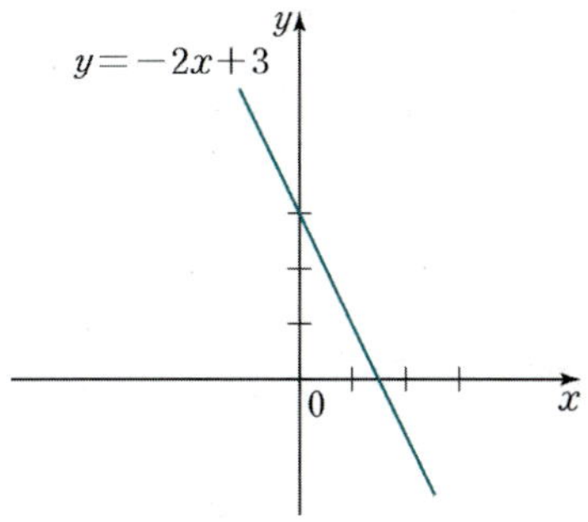

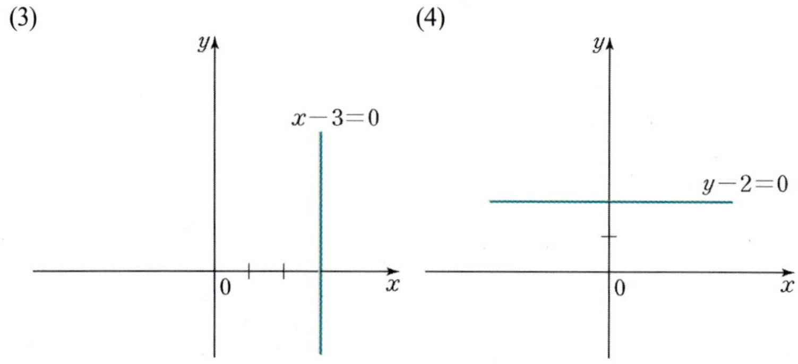

그림 1.6

일차방정식의 그래프에 대하여 다음이 성립함을 알 수 있다.

(1) x축에 평행한 직선의 기울기는 0이고, y축에 평행한 직선의 기울기는 무한히 크다.

(2) 점 (x_1, y_1)을 지나고 x축에 평행한 직선은 $y = y_1$

(3) 점 (x_1, y_1)을 지나고 y축에 평행한 직선은 $x = x_1$

(4) 두 직선의 평행과 수직

① 두 직선 $y = m_1x + n_1$, $y = m_2x + n_2$가 평행할 조건은

$$m_1 = m_2, \ n_1 \neq n_2$$

② 두 직선 $y = m_1x + n_1$, $y = m_2x + n_2$가 수직일 조건은

$$m_2 = -\frac{1}{m_1}$$

예제 1.2.7 두 직선 $4x + 3y = 3$과 $3x - 4y = 2$은 서로 수직임을 보여라.

풀이 두 방정식은 다음과 같이 변형시킬 수 있다.

$$y = -\frac{4}{3}x + 1, \ y = \frac{3}{4}x - \frac{1}{2}$$

두 직선의 기울기는 각각 $m_1 = -\frac{4}{3}$, $m_2 = \frac{3}{4}$이므로 $m_1 \cdot m_2 = -1$이고 두 직선은 서로 수직이다.

1.2 연습문제

1 다음 일차방정식의 그래프를 그려라.

(1) $2x-y+5=0$　　(2) $x-3=0$

(3) $y+1=0$　　(4) $y=-2x+3$

2 다음 직선의 방정식을 구하여라.

(1) 점 $(-2, 1)$를 지나고 기울기가 2인 직선

(2) 점 $(4, 1)$를 지나고 기울기가 -3인 직선

(3) 점 $(-3, 2)$를 지나고 y축에 수직인 직선

(4) 점 $(5, 5)$를 지나고 x축에 수직인 직선

3 다음 두 점을 지나는 직선의 방정식을 구하여라.

(1) $(1, 3)$, $(5, 8)$　　(2) $(2, -1)$, $(-5, 3)$

(3) $(0, 3)$, $(5, -6)$　　(4) $(-3, 9)$, $(6, 5)$

4 두 직선 $y=2x+4$와 $y=ax+6$이 서로 수직일 때, 상수 a의 값을 구하여라.

5 y절편이 -4이고 직선 $3x+y-5=0$에 평행한 직선의 방정식을 구하여라.

6 다음 두 점 사이의 거리를 구하여라.

(1) $A(-5, 2)$, $B(3, -3)$　　(2) $A(3, 4)$, $B(-5, 3)$

(3) $A(-2, 3)$, $B(1, -3)$　　(4) $A(1, 4)$, $B(-2, -3)$

7 두 점 $A(3, -1)$, $B(5, 2)$로부터 같은 거리에 있는 y축 위의 점 P의 좌표를 구하여라.

8 (1) 점 $(\sqrt{5},\ -4)$를 지나고 x축과 이루는 각의 크기가 $45°$인 직선 중 기울기가 양인 것의 방정식을 구하여라.

(2) 점 $(\sqrt{3},\ +5)$를 지나고 x축과 이루는 각의 크기가 $60°$인 직선 중 기울기가 양인 것의 방정식을 구하여라.

1.3 함수와 그래프

함수라는 용어를 처음으로 사용한 사람은 독일 수학자 라이프니츠(Leibeniz, 1646~1716)였다. 그는 곡선의 기울기나 곡선상의 특정한 점을 지정하기 위해 이 용어를 사용하였다. 현재 사용되고 있는 함수의 의미는 디리클레(Dirichlet, 1805~1859)에 의하여 처음으로 정의되었다.

정의 1.3.1

두 집합 X와 Y에 대하여 집합 X의 각 원소에 집합 Y의 단 하나의 원소가 대응되어 있을 때 이러한 대응을

$$f : X \to Y$$

라고 쓰고, f는 X에서 Y로의 함수라고 한다.

여기서 집합 X를 함수 f의 정의역(domain), Y를 f의 공역(codomain)이라 한다. $x \in X$일 때 x에 대응하는 Y의 원소를 x의 상(image)이라고 하고, $f(x)$로 나타낸다. 여기서

$$\{f(x) \mid x \in X\} \subset Y$$

를 f의 치역(range)이라고 한다. 이들의 대응관계를 $y = f(x)$로 나타내기도 한다. 관습상 정의역 X의 원소 x를 독립변수, 치역의 원소 y를 종속변수라 한다.

예제 1.3.1 Z를 정수 전체의 집합이라 하고 함수 f를 $f : Z \to Z$, $f(x) = x^2$이라 할 때, 이 함수의 정의역, 공역, 치역을 구하여라.

풀이 $f : Z \to Z$이므로 정의역, 공역은 모두 정수 전체의 집합 Z이다. 또 $f(x) = x^2$이므로 $f(0) = 0$, $f(1) = f(-1) = 1$, $f(2) = f(-2) = 4$, $\cdots$ 이므로 함수 f의 치역은 $\{0, 1, 4, 9, 16, \cdots\}$이다.

예제 1.3.2 다음 함수의 정의역과 치역을 구하여라.

(1) $f(x)=x$ (2) $f(x)=x^2$

(3) $f(x)=\dfrac{1}{x-3}$ (4) $f(x)=\sin x$

풀이 (1) 정의역: $\mathbb{R}$, 치역: $\mathbb{R}$

(2) 정의역: $\mathbb{R}$, 치역: $\{y\in\mathbb{R}\,|\,y\ge 0\}$

(3) 정의역: $\{x\in\mathbb{R}\,|\,x\ne 3\}$, 치역: $\{y\in\mathbb{R}\,|\,y\ne 0\}$

(4) 정의역: $\mathbb{R}$, 치역: $\{y\in\mathbb{R}\,|\,-1\le y\le 1\}$

함수 $f: X\to Y$에 대하여 함수 중 치역이 단 하나의 원소만 포함하는 단원집합인 함수를 상수함수라고 한다. 임의의 X에 대하여 $f(x)=x,\ \forall\, x\in X$를 만족하는 함수를 항등함수라 하고 기호로 I_X로 나타낸다.

정의 1.3.2

(1) 임의의 x_1, x_2에 대하여 $x_1\ne x_2$이면 $f(x_1)\ne f(x_2)$일 때 f를 단사함수 또는 일대일 함수라고 한다.

(2) $f(X)=Y$일 때 f를 전사함수라고 한다. 즉, 임의의 $y\in Y$에 대하여 $x\in X$가 존재하여 $f(x)=y$를 만족할 때 f를 전사함수라고 한다.

(3) 단사이고 전사인 함수를 전단사함수 또는 일대일 대응이라고 한다.

예제 1.3.3 다음 함수가 단사인지 전사인지 전단사인지 구별하여라.

(1)

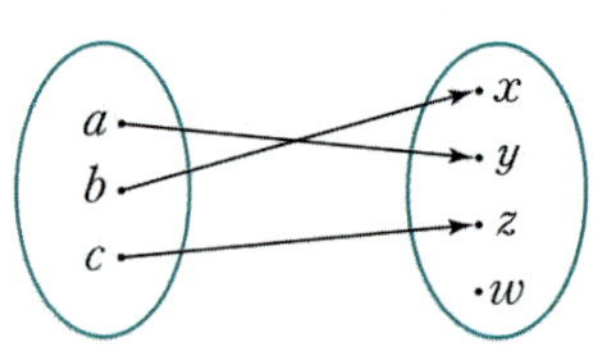

(2)

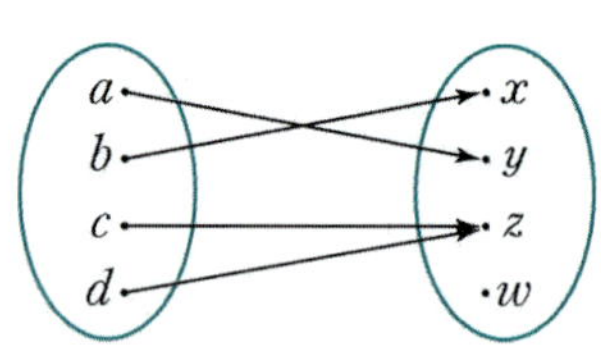

(3)

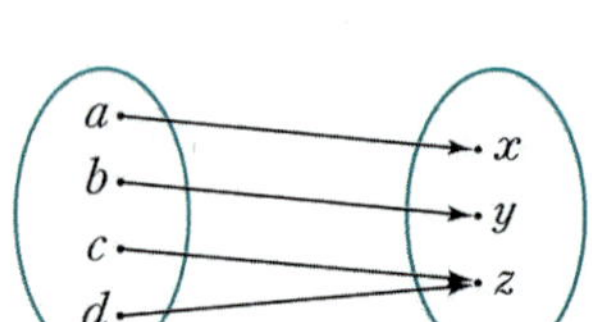

(4)

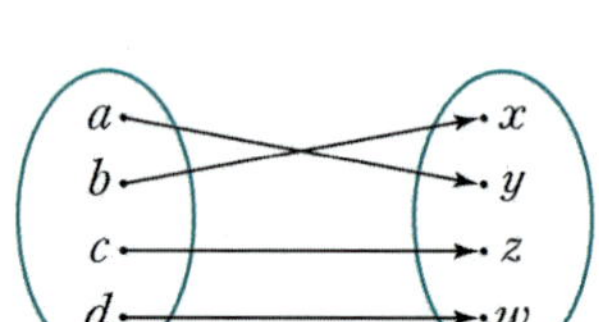

풀이 (1) 단사 (2) 단사도 아니고 전사도 아님

(3) 전사 (4) 전단사

정의 1.3.3

두 함수 $f: X \to Y$, $g: Y \to Z$에 대하여 $g \circ f: X \to Z$를 f와 g의 합성함수라 하고

$$(g \circ f)(x) = g(f(x))$$

로 정의한다.

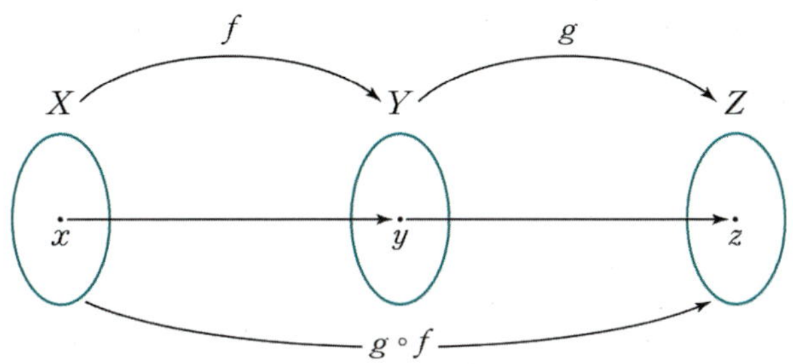

그림 1.7

예제 1.3.4 두 함수 $f(x) = 2x$, $g(x) = x + 1$일 때 $g \circ f$, $f \circ g$를 구하여라.

풀이 $(g \circ f)(x) = g(f(x)) = g(2x) = 2x + 1$

$(f \circ g)(x) = f(g(x)) = f(x+1) = 2x + 2$

정의 1.3.4

함수 f가 일대일 대응이면 f의 치역 $f(X)$ 위에 새로운 함수 f^{-1}를 다음과 같이 정의할 수 있다.

$$y = f(x)\text{이면 } f^{-1}(y) = x$$

이때 f^{-1}를 f의 역함수(inverse)라 하며, $f^{-1}: Y \to X$ 또는 $y = f^{-1}(x)$로 표기한다.

정리 1.3.1

함수 f의 정의역을 D_f라 하고 f의 치역을 $D_{f^{-1}}$이라고 하자. 함수 f의 역함수 $D_{f^{-1}}$에 대하여 다음이 성립한다.

$$(a)\ (f^{-1} \circ f)(x) = x \quad (\text{단, } x \in D_f)$$
$$(b)\ (f \circ f^{-1})(y) = y \quad (\text{단, } y \in D_{f^{-1}})$$

정리 1.3.2

두 함수 $f: X \to Y$와 $g: Y \to X$가 $g \circ f = I_X$, $f \circ g = I_Y$를 만족하면 f의 역함수가 존재하며 $f^{-1} = g$이다.

예제 1.3.5 두 함수 $f(x) = 3x$, $g(x) = 2x + 1$일 때 다음을 구하여라.

(1) $f + g$ (2) $f - g$

(3) fg (4) $\dfrac{f}{g}$

풀이 (1) $(f+g)(x) = f(x) + g(x) = 3x + 2x + 1 = 5x + 1$

(2) $(f-g)(x) = f(x) - g(x) = 3x - (2x+1) = x - 1$

(3) $(fg)(x) = f(x)g(x) = 3x(2x+1) = 6x^2 + 3x$

(4) $\left(\dfrac{f}{g}\right)(x) = \dfrac{f(x)}{g(x)} = \dfrac{3x}{2x+1} \quad \left(\text{단, } x \neq -\dfrac{1}{2}\right)$

예제 1.3.6 두 함수 $f(x) = 2x$, $g(x) = x + 1$일 때

(1) $2f(x) + 3g(x)$를 구하여라.

(2) $h(x) = 5x + 4$를 $f(x)$와 $g(x)$의 합으로 나타내어라.

풀이 (1) $2f(x) + 3g(x) = 2(2x) + 3(x+1) = 7x + 3$

(2) $5x + 4 = a(2x) + b(x+1) = (2a+b)x + b$이므로 $2a + b = 5$, $b = 4$이다.

따라서 $a = \dfrac{1}{2}$, $b = 4$, 즉, $h(x) = \dfrac{1}{2}f(x) + 4g(x)$이다.

예제 1.3.7 다음 함수의 역함수를 구하여라.

(1) $f(x) = 3x + 2$　　(2) $f(x) = x^2$ (단, 정의역은 $[0, \infty)$)

(3) $f(x) = x^3 + 1$　　(4) $f(x) = \dfrac{x+4}{x-2}$ (단, 정의역은 $x \neq 2$)

풀이 (1) $x = (f \circ f^{-1})(x)$이므로 $x = (f(f^{-1}(x)) = 3f^{-1}(x) + 2$이다.

따라서 $f^{-1}(x) = \dfrac{x-2}{3}$

(2) $x = (f(f^{-1}(x)) = (f^{-1}(x))^2$이므로 $f^{-1}(x)$는 f의 정의역의 원소임을 알 수 있다. 따라서 $0 \leq f^{-1}(x) \leq \infty$이고, $f^{-1}(x) = \sqrt{x}$이다.

(3) $x = (f(f^{-1}(x)) = (f^{-1}(x))^3 + 1$로부터 $f^{-1}(x) = \sqrt[3]{x-1}$를 얻는다.

(4) f가 정의역은 $\{x \in R \mid x \neq 2\}$이며, f의 치역은 f^{-1}의 정의역과 같으므로 f^{-1}의 정의역은 $\{x \in R \mid x \neq 2\}$이라 할 수 있다. $y = \dfrac{x+4}{x-2}$라 놓고 x를 구하면

$$xy - 2y = x + 4, \quad x(y-1) = 2y + 4, \quad x = \frac{2(y+2)}{y-1}$$

이다. 따라서 역함수는 $f^{-1}(x) = \dfrac{2(x+2)}{x-1}$임을 알 수 있다. f^{-1}의 정의역은 $\{x \in \mathbb{R} \mid x \neq 1\}$이고 f의 치역과 같다.

정의 1.3.5

f를 X에서 Y로의 함수라 하자. 함수 f의 그래프 G_f는 다음 모든 순서쌍의 집합

$$G_f = \{(x, f(x)) | x \in X\}$$

이다.

예제 1.3.8 $f : \mathbb{R} \to \mathbb{R}$, $f(x) = x^2 + 1$의 그래프를 구하여라.

풀이 $G_f = \{(x, y) | y = x^2 + 1,\ x \in \mathbb{R}\}$ 또는 $\{(x, x^2 + 1) | x \in \mathbb{R}\}$

함수의 그래프는 점 $(x, y) = (x, f(x))$들의 집합이므로 함수의 그래프는 이차 평면에서 그림 1.8로 나타낼 수 있다.

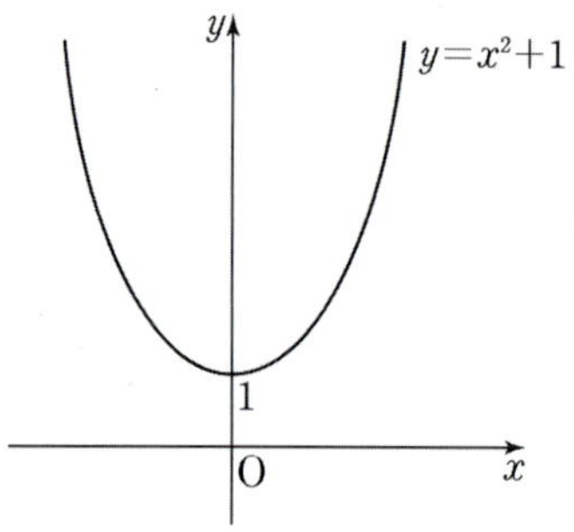

그림 1.8

다음은 앞으로 함수의 극한이나 미분적분학에 쓰일 여러 가지 함수를 소개한다.

(1) 멱함수(power function)

$f(x)=x^n$를 멱함수라 부른다. 그림 1.9는 $n=1, 2, 3, 4$에 대하여 $f(x)=x^n$의 그래프를 나타낸다. n이 커짐에 따라 곡선이 $(-1, 1)$ 구간에서는 x축 방향으로 평평해짐을 알 수 있다. 그러나 $\{|x|>0\}$ 경우에는 곡선이 매우 가파르게 그려짐을 볼 수 있다.

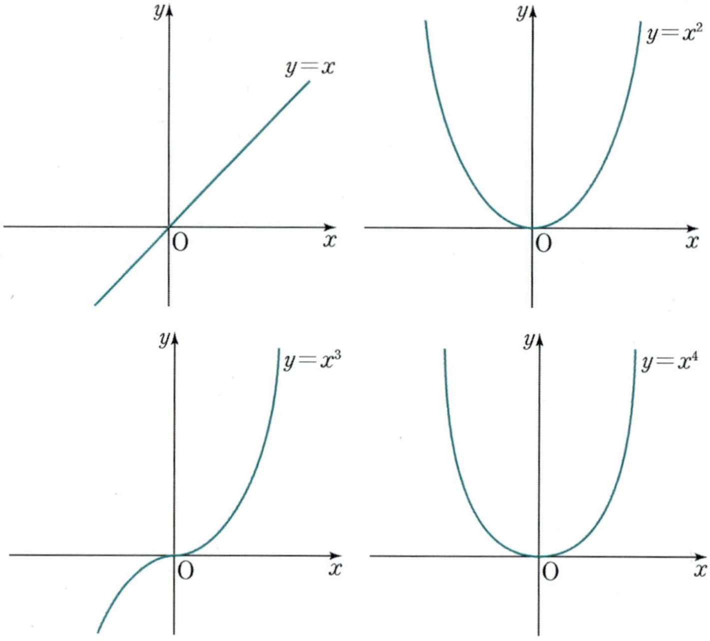

그림 1.9

(2) 쌍곡선 함수

$f(x)=x^{-1}=\dfrac{1}{x}$과 $g(x)=x^{-2}=\dfrac{1}{x^2}$의 그래프는 그림 1.10에서 볼 수 있다. 두 함수 모두 $x \neq 0$인 점에 대하여 정의된다.

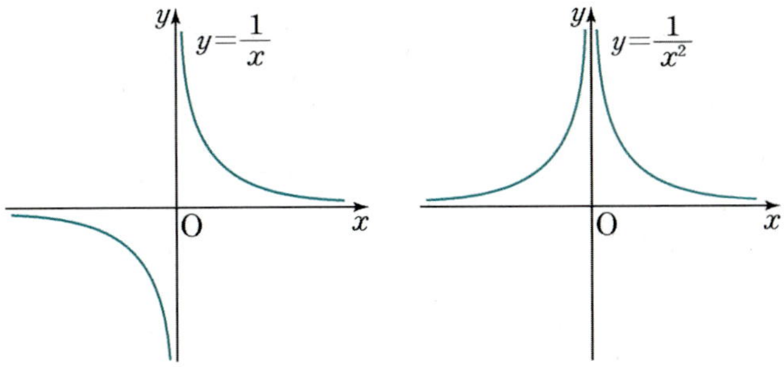

그림 1.10

(3) 원

원 $x^2+y^2=1$과 반원 $y=\sqrt{1-x^2}$의 그래프는 그림 1.11에서 찾아볼 수 있다.

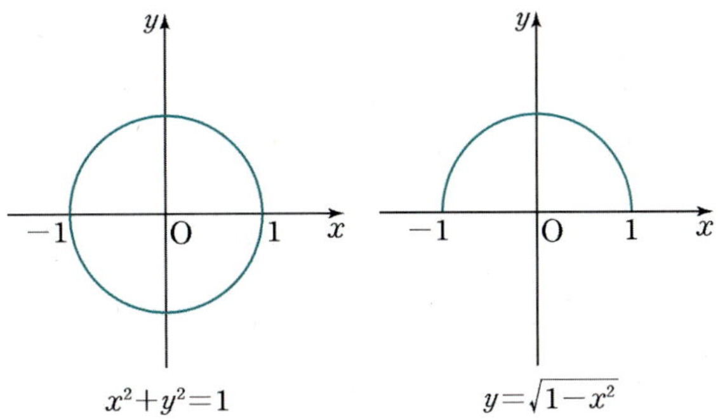

그림 1.11

예제 1.3.9 다음 함수의 그래프를 그려라.

$$|x|=\begin{cases} x, & x \geq 0 \\ -x, & x<0 \end{cases}$$

풀이

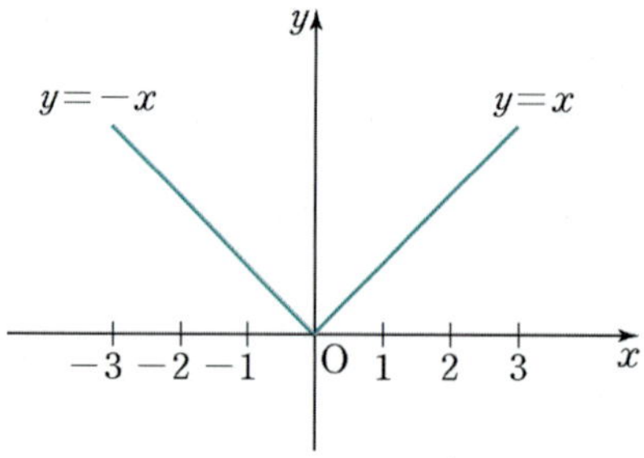

그림 1.12

예제 1.3.10 다음 함수의 그래프를 그려라.

$$f(x)=\begin{cases} x^2 & (x<0) \\ x & (0 \le x \le 2) \\ 2 & (x \ge 2) \end{cases}$$

풀이

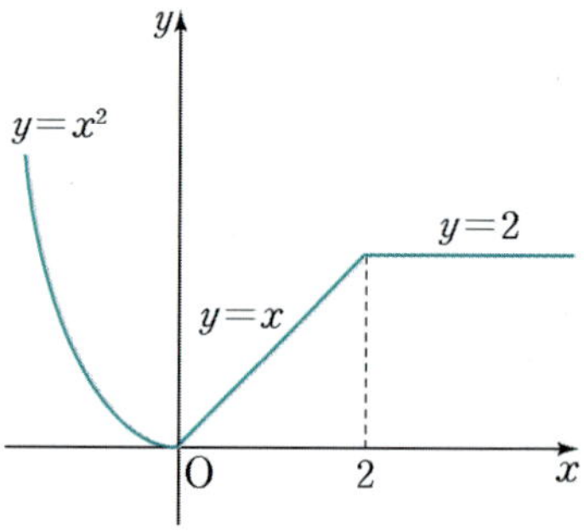

그림 1.13

예제 1.3.11 가우스 함수 $y=[x]$(단, $[x]$는 x를 넘지 않는 최대정수)의 그래프를 그려라.

풀이

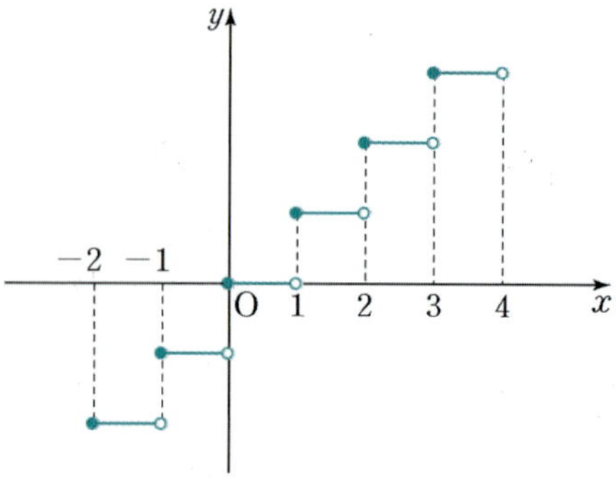

그림 1.14

1.3 연습문제

1 두 함수 $f(x)=2x-4,\ g(x)=3x+2$일 때 다음을 구하여라.

(1) $f+g$　　(2) $f-g$

(3) fg　　(4) $\dfrac{f}{g}$

2 다음 함수의 그래프를 그려라.

(1) $f(x)=2x$　　(2) $f(x)=-x^3$

(3) $f(x)=x^2$　　(4) $f(x)=x^3-3x^2$

(5) $f(x)=e^x$　　(6) $f(x)=\ln x$

3 다음 함수의 정의역과 치역을 구하여라.

(1) $f(x)=2x$　　(2) $f(x)=x^3$

(3) $f(x)=\dfrac{1}{x-5}$　　(4) $f(x)=\cos x$

(5) $f(x)=e^x$　　(6) $f(x)=\ln x$

4 직선 $y=-ax+3a+2$가 a의 값에 관계없이 항상 일정한 점을 지날 때 이 점의 좌표를 구하여라.

5 $f(x)=x-1,\ g(x)=\dfrac{x}{x+1}$일 때 $(g\circ f)(x)=f(x)$를 만족하는 x를 구하여라.

6 $f\left(\dfrac{x-1}{x+1}\right)=\dfrac{x-3}{x+3}$일 때 $f(3)$을 구하여라.

1.4 지수함수와 로그함수

4-1 지수

지수법칙 I

정수 m, n과 실수 $a \neq 0, b \neq 0$에 대하여 다음 지수법칙이 성립한다.

(1) $a^m a^n = a^{m+n}$

(2) $(a^m)^n = a^{mn}$

(3) $(ab)^n = a^n b^n$

(4) $\left(\frac{a}{b}\right)^n = \frac{a^n}{b^n}, \quad (b \neq 0)$

(5) $a \neq 0$일 때 $\frac{a^m}{a^n} = \begin{cases} a^{m-n} & (m > n) \\ 1 & (m = n) \\ \frac{1}{a^{n-m}} & (m < n) \end{cases}$

(1)에서 $n = 0$일 때

$$a^m a^0 = a^m$$

$$\therefore \ a^0 = 1$$

(5)에서 $n = -m$일 때

$$a^m a^{-m} = a^{m-m} = a^0 = 1$$

$$\therefore \ a^{-m} = \frac{1}{a^m}(a \neq 0)$$

지수법칙 II

$a \neq 0$이고 n이 양의 정수일 때

$$a^0 = 1, \ a^{-n} = \frac{1}{a^n}$$

위의 지수법칙 I과 II는 지수가 유리수일 때뿐 아니라 실수인 경우까지 확장하여 정의할 수 있다. 실수 x를 n제곱하여 실수 a가 될 때, 즉, $x^n = a$를 만족하는 x를 a의 n제곱근이라 한다. a의 n제곱근을 $\sqrt[n]{a}$ 또는 $a^{\frac{1}{n}}$로 나타낸다.

(i) $a > 0$일 때 n이 짝수이면 a의 n제곱근은 $\pm\sqrt[n]{a}$, n이 홀수이면 a의 n제곱근은 $\sqrt[n]{a}$이다.

(ii) $a < 0$일 때 n이 짝수이면 a의 n제곱근은 존재하지 않고, n이 홀수이면 a의 n제곱근은 $\sqrt[n]{a}$이다. 즉 $3^2 = (-3)^2 = 9$이므로 3와 -3는 모두 9의 제곱근이다. 또, $(-3)^3 = -27$이므로 -3는 -27의 세제곱근이다.

거듭제곱근의 성질

$a > 0$, $b > 0$이고, m과 n이 자연수일 때

(1) $(\sqrt[n]{a})^n = a$

(2) $\sqrt[n]{a}\sqrt[n]{b} = \sqrt[n]{ab}$

(3) $\dfrac{\sqrt[n]{a}}{\sqrt[n]{b}} = \sqrt[n]{\dfrac{a}{b}}$

(4) $(\sqrt[n]{a})^m = \sqrt[n]{a^m}$

(5) $(\sqrt[np]{a^{mp}}) = \sqrt[n]{a^m}$

(6) $\sqrt[m]{\sqrt[n]{a}} = \sqrt[mn]{a}$

예제 1.4.1 다음을 간단히 하여라.

(1) $\sqrt[3]{0.008}$

(2) $\sqrt[3]{\sqrt[4]{3^6}}$

(3) $\sqrt[3]{-5} \times \sqrt[3]{25}$

(4) $\sqrt[3]{-\dfrac{8}{27}}$

풀이 (1) $\sqrt[3]{0.008} = \sqrt[3]{0.2^3} = 0.2$

(2) $\sqrt[3]{\sqrt[4]{3^6}} = \sqrt[12]{3^6} = \sqrt{3}$

(3) $\sqrt[3]{-5} \times \sqrt[3]{25} = \sqrt[3]{-5 \times 25} = \sqrt[3]{-5^3} = -5$

(4) $\sqrt[3]{-\dfrac{8}{27}} = \sqrt[3]{\left(-\dfrac{2}{3}\right)^3} = -\dfrac{2}{3}$

예제 1.4.2 다음을 간단히 하여라.

(1) $\left(a^{\frac{5}{4}}\right)^2 \times a^{\frac{1}{2}}$

(2) $(a^6 b^3)^{\frac{1}{12}} \times a^{\frac{1}{2}} b^{\frac{3}{4}}$

(3) $(\sqrt[3]{a}\times\sqrt[5]{b})^3$ (4) $(\sqrt[8]{a^2}\times\sqrt[12]{b^3})^4$

풀이 (1) $\left(a^{\frac{5}{4}}\right)^2\times a^{\frac{1}{2}}=a^{\frac{5}{2}}\times a^{\frac{1}{2}}=a^{\frac{5}{2}+\frac{1}{2}}=a^3$

(2) $(a^6b^3)^{\frac{1}{12}}\times a^{\frac{1}{2}}b^{\frac{3}{4}}=a^{\frac{1}{2}}b^{\frac{1}{4}}\times a^{\frac{1}{2}}b^{\frac{3}{4}}=ab$

(3) $(\sqrt[3]{a}\times\sqrt[5]{b})^3=\left(a^{\frac{1}{3}}\times b^{\frac{1}{5}}\right)^3=ab^{\frac{3}{5}}$

(4) $(\sqrt[8]{a^2}\times\sqrt[12]{b^3})^4=(\sqrt[4]{a}\times\sqrt[4]{b})^4=ab$

4-2 지수함수와 로그함수

(1) 지수함수와 그 그래프

일반적으로 $a>0$이고 $a\neq 1$일 때, 임의의 실수 x에 양수 a^x를 대응시킨 함수 $y=a^x$를 a를 밑으로 하는 지수함수라 한다. 이때, $y=a^x$의 정의역은 $\{x|x\in\mathbb{R}\}$, 치역은 $\{y|y>0\}$이다. 지수함수 $y=a^x$ $(a>0,\ a\neq 1)$의 그래프는 밑수 a에 따라 다음의 두 가지 모양을 나타낸다.

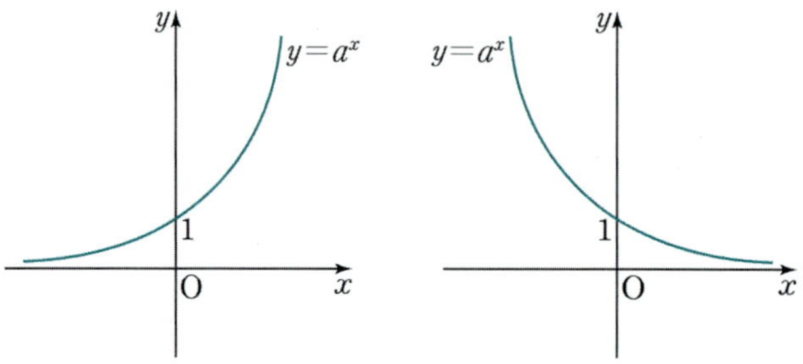

(a) $a>1$ (b) $0<a<1$

그림 1.15

지수함수 $y=a^x$ $(a>0,\ a\neq 1)$의 그래프는 y축과 $(0,\ 1)$에서 만나고 점 $(1,\ a)$를 지난다. x축을 점근선으로 가지며 $a>1$이면 y는 증가하고 $0<a<1$이면 y는 감소한다. $y=a^x$의 그래프와 $y=\left(\frac{1}{a}\right)^x$의 그래프는 y축에 대하여 대칭이다.

예제 1.4.3 지수함수 $y=3^x$와 $y=\left(\frac{1}{3}\right)^x$의 그래프를 그려라.

풀이 $y=\left(\frac{1}{3}\right)^x=(3^{-1})^x=3^{-x}$이므로 $y=3^x$의 그래프를 y축에 대하여 대칭이동시킨 것과 같다.

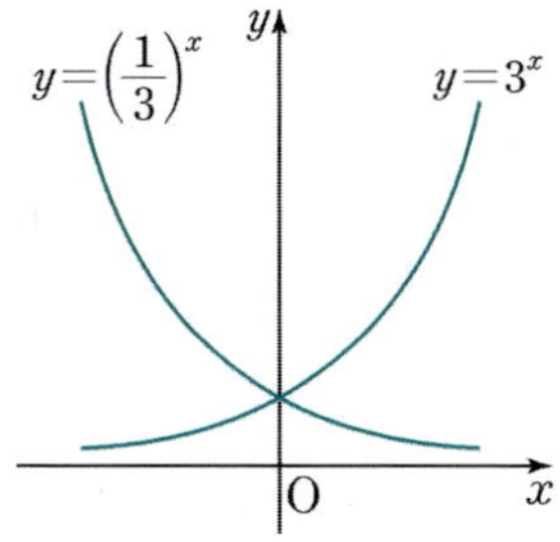

그림 1.16

예제 1.4.4 지수함수 $y=e^x$와 $y=e^{-x}$의 그래프를 그려라.

풀이

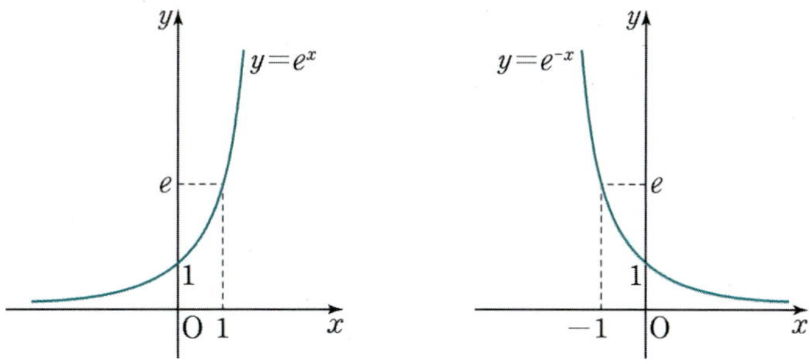

그림 1.17

예제 1.4.5 다음 지수방정식을 풀어라.

(1) $2^x=32$

(2) $\left(\frac{1}{3}\right)^x=3\sqrt{3}$

(3) $3^{x+1}=27$

(4) $(x+1)^{2x}=25^x$(단, $x>0$)

풀이 (1) $2^x=32=2^5$이므로 $x=5$

(2) $\left(\frac{1}{3}\right)^x=3\sqrt{3}\ \Rightarrow\ 3^{-x}=3^{\frac{3}{2}}\ \Rightarrow\ x=-\frac{3}{2}$

(3) $3^{x+1}=27\ \Rightarrow\ 3^{x+1}=3^3\ \Rightarrow\ x+1=3\ \Rightarrow\ x=2$

(4) $(x+1)^{2x}=25^x\ \Rightarrow\ (x+1)^{2x}=5^{2x}\ \Rightarrow\ x+1=5\ \Rightarrow\ x=4$

예제 1.4.6 다음 지수 부등식을 풀어라.

(1) $5^{2x-1} < 5^x$　　(2) $\left(\frac{1}{3}\right)^{3x} < \left(\frac{1}{3}\right)^2$

(3) $\sqrt{3} < 3^{2x}$　　(4) $\left(\frac{1}{2}\right)^{x+2} < \left(\frac{1}{2}\right)^{3x-1}$

풀이 (1) $2x-1 < x \Rightarrow x < 1$

(2) $3x > 2 \Rightarrow x > \frac{2}{3}$

(3) $\frac{1}{2} < 2x \Rightarrow x > \frac{1}{4}$

(4) $x+2 > 3x-1 \Rightarrow 2x < 3 \Rightarrow x < \frac{3}{2}$

(2) 로그함수와 그 그래프

지수함수 $f(x) = a^x$, $(a \neq 1,\ a > 0)$는 $f: R \to R^+ = (0, \infty)$인 전단사함수이다. 따라서 역함수 $f^{-1}: \mathbb{R}^+ \to \mathbb{R}$를 $y = f^{-1}(x) = \log_a x$로 나타낸다. 즉, 임의의 양수 N에 대하여 $a^x = N$인 실수 x는 오직 하나 존재한다. 이 실수 x를 a를 밑으로 하는 N의 로그라 하고 $x = \log_a N$으로 나타낸다. 여기서 N을 진수라고 한다.

$$a^x = N \Leftrightarrow x = \log_a N$$

로그함수 $\log_a x$ $(a > 0,\ a \neq 1)$의 정의역은 양의 실수 전체의 집합이고, 치역은 실수 전체의 집합이다. $a > 1$일 때 증가함수이고 $0 < a < 1$일 때 감소함수이다. 그래프는 점 $(1, 0)$과 점 $(a, 1)$을 지나고 y축을 점근선으로 한다. 지수함수 $y = a^x$의 그래프와 직선 $y = x$에 대하여 대칭이다.

로그의 성질

$a \neq 1,\ a > 0,\ x > 0,\ y > 0$이고 n이 임의의 실수일 때

(1) $\log_a 1 = 0,\ \log_a a = 1$　　(2) $\log_a xy = \log_a x + \log_a y$

(3) $\log_a \frac{x}{y} = \log_a x - \log_a y$　　(4) $\log_a x^n = n \log_a x$

상용로그와 자연로그

(1) 상용로그 : 10을 밑으로 하는 로그를 상용로그라 하고, 밑을 생략하여 보통 $\log x$로 나타낸다.

(2) 자연로그 : $e = 2.71828\cdots$를 밑으로 하는 로그를 자연로그라 하고, 밑을 생략하여 보통 $\ln x$로 나타낸다.

밑변환공식

$a \neq 1,\ a > 0\ ,\ b \neq 1,\ b > 0\ ,\ c \neq 1,\ c > 0$

(1) $\log_a b = \dfrac{\log_c b}{\log_c a}$

(2) $\log_a b = \dfrac{1}{\log_b a} \Leftrightarrow \log_a b \cdot \log_b a = 1$

(3) $\log_a b \cdot \log_b c = \log_a c$

$a \neq 1,\ a > 0,\ \ b > 0,\ c \neq 1,\ c > 0$

(4) $\log_{a^m} b^n = \dfrac{n}{m} \log_a b$

(5) $a^{\log_c b} = b^{\log_c a}$

지수함수와 로그함수 그래프의 비교 (단, $a > 0$)

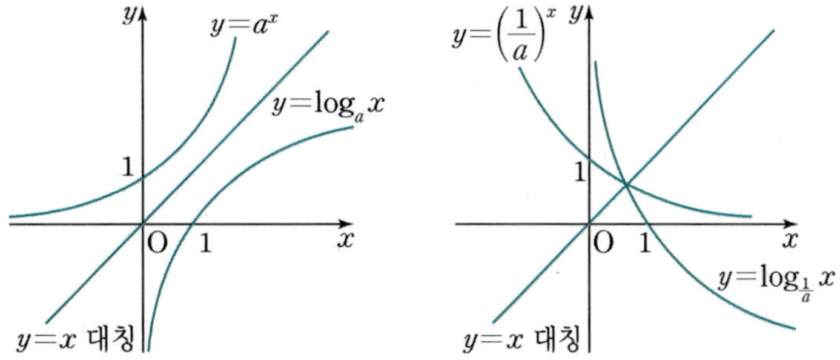

그림 1.18

예제 1.4.7 다음 등식을 만족하는 x, y의 값을 구하여라.

(1) $\log_5 x = 3$　　(2) $\log_{\frac{1}{2}} x = 3$

(3) $\log_y \sqrt{3} = \frac{1}{4}$　　(4) $\log_y 27 = 3$

풀이 (1) $x = 5^3 = 125$

(2) $x = \left(\frac{1}{2}\right)^3 = \frac{1}{8}$

(3) $\sqrt{3} = y^{\frac{1}{4}} \Rightarrow y = (\sqrt{3})^4 \Rightarrow y = 9$

(4) $27 = y^3 \Rightarrow y = 27^{\frac{1}{3}} \Rightarrow y = 3$

예제 1.4.8 다음 방정식을 풀어라.

(1) $\log_3(2x-3) = 2$　　(2) $\log_{\frac{1}{2}} x - 1 = 3$

(3) $\log_2(x-2) = 2 - \log_2(x+1)$　　(4) $\log_{x-2} 16 = 2$

풀이 (1) 진수조건에 의하여 $2x - 3 > o,\ x > \frac{3}{2}$

$$2x - 3 = 3^2 \Rightarrow 2x = 12 \Rightarrow x = 6$$

(2) $x - 1 = \left(\frac{1}{2}\right)^3 = \frac{1}{8} \Rightarrow x = \frac{9}{8}$

(3) 진수조건에 의하여 $x > 2$

$$x - 2 = \frac{4}{x+1} \Rightarrow (x-2)(x+1) = 4$$

따라서 $x^2 - x - 2 = 4,\ x^2 - x - 6 = 0,\ (x-3)(x+2) = 0$

$x = -2$는 원식의 진수조건에 부합되지 않으므로 버린다.

$\therefore\ x = 3$

(4) 밑의 조건에 의하여 $x - 2 > 0,\ x - 2 \neq 1 \Rightarrow x > 2,\ x \neq 1$

$$\begin{aligned}(x-2)^2 = 16 &\Rightarrow x^2 - 4x + 4 = 16\\ &\Rightarrow x^2 - 4x - 12 = 0\\ &\Rightarrow (x-6)(x+2) = 0\end{aligned}$$

$x = -2$는 원식의 진수조건에 부합되지 않으므로 버린다.

$\therefore\ x = 6$

예제 1.4.9 $\log_{x-3}(-x^2+6x-8)$가 정의되기 위한 정수 x값을 구하여라.

풀이 밑과 진수조건에 의하여

$$x-3>0,\quad x-3\neq 1,\ \Rightarrow\ x>3,\quad x\neq 4$$
$$-x^2-6x+8>0\ \Rightarrow x^2-6x+8<0$$
$$\Rightarrow (x-4)(x-2)<0$$
$$\Rightarrow 2<x<4$$

따라서 $3<x<4$이다.

예제 1.4.10 $4\log_{10}\sqrt{2}-\log_{10}5-3\log_{10}2$를 간단히 하여라.

풀이 $$4\log_{10}\sqrt{2}-\log_{10}5-3\log_{10}2=\log_{10}2^2-\log_{10}5-\log_{10}2^3$$
$$=\log_{10}4-\log_{10}5-\log_{10}8$$
$$=\log_{10}\frac{4}{5\times 8}=\log_{10}\frac{1}{10}=-1$$

예제 1.4.11 $2^x=3,\ \ 3^y=8$을 만족하는 실수 x, y에 대하여 두 수의 곱 xy의 값을 구하여라.

풀이 $2^x=3\ \Leftrightarrow\ x=\log_2 3$이고, $3^y=8\ \Leftrightarrow\ y=\log_3 8=3\log_3 2$이다.

따라서 $xy=\log_2 3\cdot 3\log_3 2=3\log_2 3\cdot\log_3 2=3$이다.

예제 1.4.12 다음 방정식을 풀어라.

(1) $\log_2(x-2)+\log_2 x=3$　　　(2) $(\log_3 x)^2-\log_3 x^2-3=0$

풀이 (1) $\log_2 x(x-2)=3$이므로

$$x(x-2)=2^3\ \Rightarrow x^2-2x-8=0$$
$$\Rightarrow (x+2)(x-4)=0$$
$$\therefore\ x=-2\ \text{또는}\ x=4$$

$x=-2$는 원식의 진수조건에 부합되지 않으므로 버린다.

$$\therefore\ x=4$$

(2) $t = \log_3 x$로 치환하면

$$(\log_3 x)^2 - \log_3 x^2 - 3 = 0 \Rightarrow t^2 - 2t - 3 = 0$$

$$\Rightarrow (t-3)(t+1) = 0$$

$\therefore\ t = 3$ 또는 $t = -1$

즉, $\log_3 x = 3$ 또는 $\log_3 x = -1$

$$x = 27 \text{ 또는 } x = \frac{1}{3}$$

예제 1.4.13 $\log_a x = \frac{1}{2}$, $\log_b x = \frac{1}{3}$, $\log_c x = \frac{1}{5}$일 때 $\frac{1}{\log_{abc} x}$을 구하여라.

풀이 $\log_x abc = \log_x a + \log_x b + \log_x c$

$$= \frac{1}{\log_a x} + \frac{1}{\log_b x} + \frac{1}{\log_c x}$$

$$= 2 + 3 + 5 = 10$$

예제 1.4.14 $\log_2 \frac{40}{3} + \log_2 \frac{72}{5} - \log_2 \frac{3}{4}$의 값을 계산하여라.

풀이 로그함수의 성질에 의하여

$$\log_2 \frac{40}{3} + \log_2 \frac{72}{5} - \log_2 \frac{3}{4} = \log_2 8 + \log_2 5 - \log_2 3$$

$$+ \log_2 8 + 2\log_2 3 - \log_2 5$$

$$- \log_2 3 + \log_2 4 = 3 + 3 + 2 = 8$$

1.4 연습문제

1 다음을 간단히 하여라

(1) $\sqrt[4]{(-1)^4}$

(2) $3\sqrt[3]{\sqrt[4]{2^6}}$

(3) $\sqrt{2\sqrt{2^6}}$

(4) $\sqrt[8]{5^2}\times\sqrt[12]{5^9}$

(5) $\sqrt[8]{4^2}\times\sqrt[12]{4^9}$

(6) $\sqrt[3]{5}\times\sqrt[3]{25}$

(7) $\log_4 8+\log_2\frac{1}{16}$

(8) $\log_3 27+\log_9\frac{1}{81}$

(9) $\log_5 25+\log_5\frac{1}{5}$

(10) $\log_9\frac{1}{81}+\log_2 16$

2 다음 등식에서 x를 구하여라.

(1) $2^x=8$

(2) $4^x=64$

(3) $5^x=4$

(4) $2^x=12$

(5) $\log_2 x=7$

(6) $\log_3 x=3$

(7) $\log_5 x=3$

(8) $\log_3 x=5$

(9) $\log_2 x+\log_2 3=5$

(10) $\log_3 x-\log_3 2=1$

3 다음 방정식을 풀어라.

(1) $\log_2(x-1)+\log_2 x=1$

(2) $\log_3(3x+2)=2+\log_3(x-1)$

(3) $\log_2(x+3)=1+\log_2(x+1)$

(4) $\log_4(x-6)=2+\log_4(x-1)$

(5) $\log(x+3)-\log(x-2)=\log 2x$

(6) $\log(x^2+3)=\log(x-1)+\log 2x$

4 다음 함수의 역함수를 구하여라.

(1) $y=2^{5-x}$

(2) $y=5^{3+x}$

(3) $y=\log_3(1-x)$

(4) $y=\log_3(5+x)$

5 다음 방정식의 해를 구하여라.

(1) $\left(\frac{1}{100}\right)^x=\sqrt[3]{10}$

(2) $\left(\frac{1}{8}\right)^x=2\sqrt{2}$

(3) $\left(\frac{5}{2}\right)^{x^2+3}=\left(\frac{2}{5}\right)^{5x+1}$

(4) $\left(\frac{1}{64}\right)^x=\sqrt[3]{16}$

1.5 삼각함수

호도법(circular mesure)은 호의 길이를 이용하여 각도를 표시하는 방법이다. 원에서 반지름의 길이와 같은 호의 길이에 대응하는 중심각의 크기를 1라디안(radian)이라 한다. 즉,

$$360° : 2\pi r = \theta : r$$

$$\theta = \frac{360° \times r}{2\pi r} = \frac{180°}{\pi}$$

따라서 라디안과 각도 사이의 관계식을 다음과 같이 유도할 수 있다.

$$1 \text{ 라디안} = \frac{180°}{\pi}$$

$$\pi \text{ 라디안} = 180°$$

$$1° = \frac{\pi}{180°} \text{라디안}$$

다시 말하면 1라디안을 단위로 각의 크기를 나타내는 방법을 호도법이라 한다. 주요 각과 호도법의 관계는 다음과 같다.

각	0°	30°	45°	60°	90°	180°	360°
라디안	0	$\frac{\pi}{6}$	$\frac{\pi}{4}$	$\frac{\pi}{3}$	$\frac{\pi}{2}$	π	2π

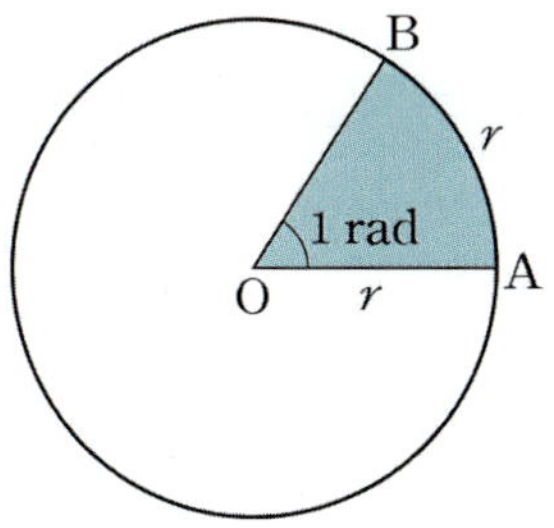

그림 1.19 호도

정의 1.5.1

직삼각형에서 한 각에 대한 변의 길이의 비의 값으로 삼각비를 다음과 같이 정의하고, 이를 각 θ에 대한 삼각함수라 한다.

$$\sin\theta = \frac{b}{c},\ \cos\theta = \frac{a}{c},\ \tan\theta = \frac{b}{a}$$

$$\csc\theta = \frac{c}{b},\ \sec\theta = \frac{c}{a},\ \cot\theta = \frac{a}{b}$$

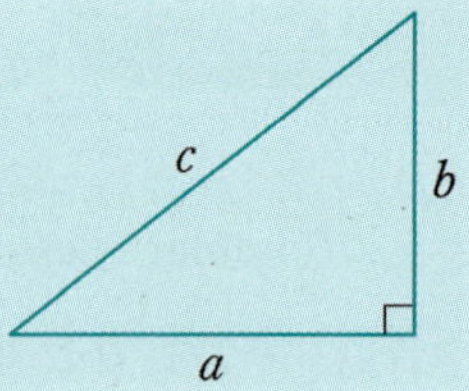

그림 1.20

그림 1.21은 호도와 삼각함수와의 관계를 보여준다. 반지름의 길이가 r인 원에서 중심각의 크기가 θ(rad)인 부채꼴의 호의 길이를 l, 넓이를 S라 하면

$$l = r\theta,\quad S = \frac{1}{2}r^2\theta$$

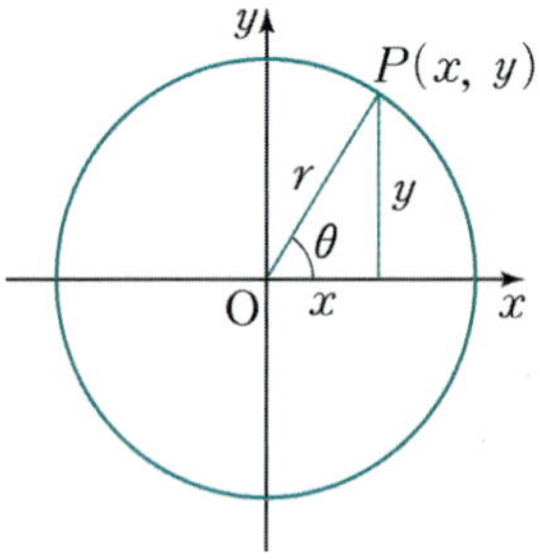

그림 1.21 호도와 삼각함수

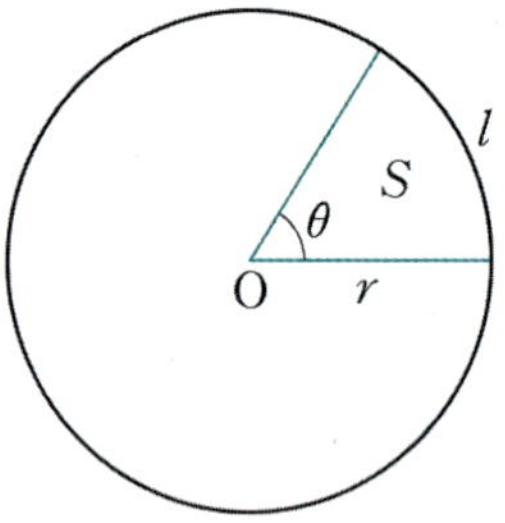

그림 1.22 호의 길이와 부채꼴의 넓이

간단한 삼각함수의 값은 다음 삼각함수표를 이용하면 편리하다.

삼각함수표

각	라디안	$\sin\theta$	$\cos\theta$	$\tan\theta$
0°	0	0	1	0
30°	$\frac{\pi}{6}$	$\frac{1}{2}$	$\frac{\sqrt{3}}{2}$	$\frac{1}{\sqrt{3}}$
45°	$\frac{\pi}{4}$	$\frac{\sqrt{2}}{2}$	$\frac{\sqrt{2}}{2}$	1
60°	$\frac{\pi}{3}$	$\frac{\sqrt{3}}{2}$	$\frac{1}{2}$	$\sqrt{3}$
90°	$\frac{\pi}{2}$	1	0	∞

삼각함수의 그래프

(1) $y=\sin x$

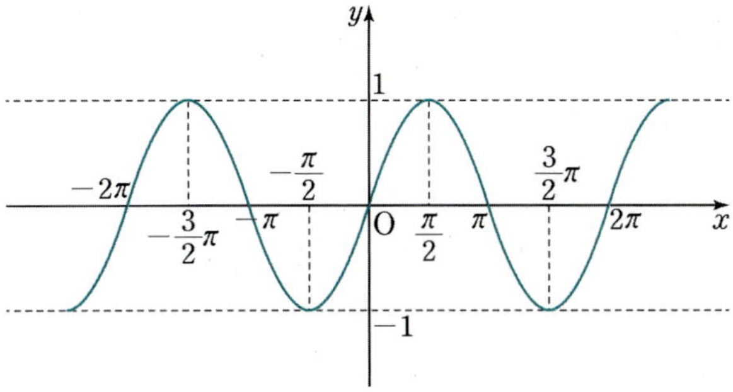

그림 1.23

(2) $y=\cos x$

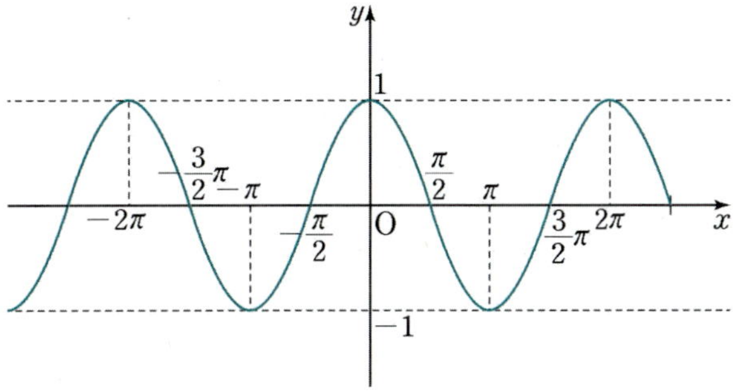

그림 1.24

(3) $y=\tan x$

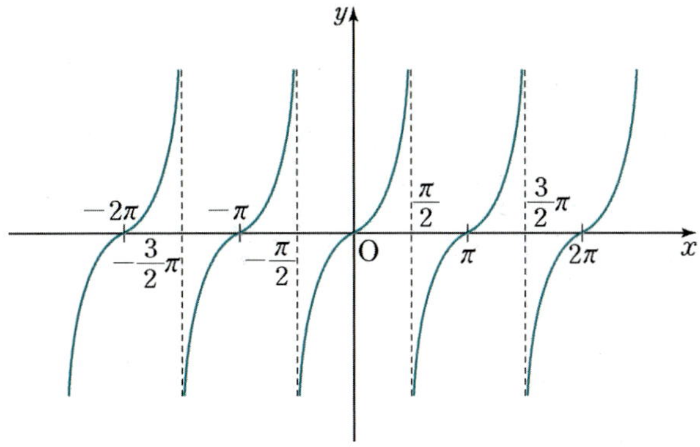

그림 1.25

$y=\sin x$는 주기가 2π인 주기함수이고, 원점에 관한 대칭인 기함수이고, $y=\cos x$는 주기가 2π인 주기함수이고, y축에 관한 우함수이며, $y=\tan x$는 주기가 π인 주기함수

이고, 원점에 관한 대칭인 기함수임을 알 수 있다.

예제 1.5.1 다음 각을 호도법으로 나타내어라.

(1) $30°$　　(2) $45°$

(3) $60°$　　(4) $90°$

(5) $120°$　　(6) $150°$

(7) $180°$　　(8) $360°$

풀이 (1) $\frac{\pi}{6}$　(2) $\frac{\pi}{4}$　(3) $\frac{\pi}{3}$　(4) $\frac{\pi}{2}$

(5) $\frac{2}{3}\pi$　(6) $\frac{5}{6}\pi$　(7) π　(8) 2π

예제 1.5.2 다음 삼각함수의 값을 구하여라.

(1) $\sin\frac{\pi}{4}$　　(2) $\cos\frac{\pi}{3}$

(3) $\tan\frac{\pi}{6}$　　(4) $\sin\frac{\pi}{3}$

풀이 (1) $\frac{\sqrt{2}}{2}$　(2) $\frac{1}{2}$　(3) $\frac{1}{\sqrt{3}}$　(4) $\frac{\sqrt{3}}{2}$

삼각함수의 값의 부호는 그 동경이 몇 사분면에 있는가에 따라 그 사분면의 x, y좌표의 부호에 의하여 결정된다. 각 사분면에서 삼각함수의 값의 부호는 다음과 같다.

사분면 \ 삼각함수	제1사분면	제2사분면	제3사분면	제4사분면
	$x>0,\ y>0$	$x<0,\ y>0$	$x<0,\ y<0$	$x>0,\ y<0$
$\sin\theta$	+	+	−	−
$\cos\theta$	+	−	−	+
$\tan\theta$	+	−	+	−

삼각함수는 위의 삼각함수의 값의 부호 표에 따라 $0<\theta<\frac{\pi}{2}$에 대하여 다음 공식을 유도할 수 있다.

(1) $(-\theta)$의 삼각함수

$$\sin(-\theta)=-\sin\theta,\quad \cos(-\theta)=\cos\theta,\quad \tan(-\theta)=-\tan\theta$$

(2) $(\pi \pm \theta)$의 삼각함수

$$\sin(\pi+\theta)=-\sin\theta,\ \cos(\pi+\theta)=-\cos\theta,\ \tan(\pi+\theta)=\tan\theta$$
$$\sin(\pi-\theta)=\sin\theta,\ \cos(\pi-\theta)=-\cos\theta,\ \tan(\pi-\theta)=-\tan\theta$$

(3) $\left(\frac{\pi}{2} \pm \theta\right)$의 삼각함수

$$\sin\left(\frac{\pi}{2}+\theta\right)=\cos\theta,\ \cos\left(\frac{\pi}{2}+\theta\right)=-\sin\theta,\ \tan\left(\frac{\pi}{2}+\theta\right)=-\cot\theta$$
$$\sin\left(\frac{\pi}{2}-\theta\right)=\cos\theta,\ \cos\left(\frac{\pi}{2}-\theta\right)=\sin\theta,\ \tan\left(\frac{\pi}{2}-\theta\right)=\cot\theta$$

(4) $\left(\frac{3}{2}\pi \pm \theta\right)$의 삼각함수

$$\sin\left(\frac{3}{2}\pi+\theta\right)=-\cos\theta,\ \cos\left(\frac{3}{2}\pi+\theta\right)=\sin\theta,\ \tan\left(\frac{3}{2}\pi+\theta\right)=-\cot\theta$$
$$\sin\left(\frac{3}{2}\pi-\theta\right)=-\cos\theta,\ \cos\left(\frac{3}{2}\pi-\theta\right)=-\sin\theta,\ \tan\left(\frac{3}{2}\pi-\theta\right)=\cot\theta$$

삼각함수는 여러 가지 공식이 있는데 기억해두면 삼각함수를 계산하는 데 매우 편리하다. 다음은 자주 사용되는 삼각함수의 공식이다.

(1) 삼각함수의 기본 공식

$$\tan\theta=\frac{\sin\theta}{\cos\theta},\quad \cot\theta=\frac{\cos\theta}{\sin\theta}$$
$$\sec\theta=\frac{1}{\cos\theta},\quad \csc\theta=\frac{1}{\sin\theta}$$
$$\sin^2\theta+\cos^2\theta=1,\quad 1+\tan^2\theta=\sec^2\theta,\quad 1+\cot^2\theta=\csc^2\theta$$

(2) 삼각함수의 합차공식

$$\sin(\alpha\pm\beta)=\sin\alpha\cos\beta\pm\cos\alpha\sin\beta$$
$$\cos(\alpha\pm\beta)=\cos\alpha\cos\beta\mp\sin\alpha\sin\beta$$
$$\tan(\alpha\pm\beta)=\frac{\tan\alpha\pm\tan\beta}{1\mp\tan\alpha\ \tan\beta}$$

(3) 삼각함수의 배각공식

(i) (반각의 공식)

$$\cos^2\alpha = \frac{1}{2}(1+\cos 2\alpha),\quad \sin^2\alpha = \frac{1}{2}(1-\cos 2\alpha)$$

(ii) (2배각의 공식)

$$\sin 2\alpha = 2\sin\alpha\cos\alpha$$

$$\cos 2\alpha = \cos^2\alpha - \sin^2\alpha = 2\cos^2\alpha - 1 = 1 - 2\sin^2\alpha$$

$$\tan 2\alpha = \frac{2\tan\alpha}{1-\tan^2\alpha}$$

(iii) (3배각의 공식)

$$\sin 3\alpha = 3\sin\alpha - 4\sin^3\alpha$$

$$\cos 3\alpha = 4\cos^3\alpha - 3\cos\alpha$$

예제 1.5.3 다음 삼각함수의 값을 구하여라.

(1) $\sin\left(-\frac{\pi}{4}\right)$ (2) $\cos\frac{2}{3}\pi$

(3) $\tan 150°$ (4) $\cos 330°$

풀이 (1) $\sin\left(-\frac{\pi}{4}\right) = -\sin\left(\frac{\pi}{4}\right) = -\frac{\sqrt{2}}{2}$

(2) $\cos\frac{2}{3}\pi = \cos\left(\frac{\pi}{2}+30°\right) = -\sin(30°) = -\frac{1}{2}$

또는 $\cos\frac{2}{3}\pi = \cos(\pi - 60°) = -\cos(60°) = -\frac{1}{2}$

(3) $\tan 150° = \tan(\pi - 30°) = -\tan 30° = -\frac{1}{\sqrt{3}}$

또는 $\tan 150° = \tan\left(\frac{\pi}{2}+60°\right) = -\cot 60° = -\frac{1}{\sqrt{3}}$

(4) $\cos 330° = \cos(2\pi - 30°) = \cos 30° = \frac{\sqrt{3}}{2}$

또는 $\cos 330° = \cos\left(\frac{3}{2}\pi + 60°\right) = \sin 60° = \frac{\sqrt{3}}{2}$

예제 1.5.4 다음 삼각함수의 값을 구하여라.

(1) $\sin(15°)$　　(2) $\cos(75°)$

(3) $\cos(135°)$　　(4) $\sin(135°)$

풀이 (1)
$$\begin{aligned}\sin(15°) &= \sin(45° - 30°)\\ &= \sin(45°)\cos(30°) - \cos(45°)\sin(30°)\\ &= \frac{\sqrt{2}}{2}\cdot\frac{\sqrt{3}}{2} - \frac{\sqrt{2}}{2}\cdot\frac{1}{2}\\ &= \frac{\sqrt{2}(\sqrt{3}-1)}{4}\end{aligned}$$

(2)
$$\begin{aligned}\cos(75°) &= \cos(45° + 30°)\\ &= \cos(45°)\cos(30°) - \sin(45°)\sin(30°)\\ &= \frac{\sqrt{2}}{2}\cdot\frac{\sqrt{3}}{2} - \frac{\sqrt{2}}{2}\cdot\frac{1}{2}\\ &= \frac{\sqrt{2}(\sqrt{3}-1)}{4}\end{aligned}$$

(3)
$$\begin{aligned}\cos(135°) &= \cos(90° + 45°)\\ &= \cos(90°)\cos(45°) - \sin(90°)\sin(45°)\\ &= 0\cdot\frac{\sqrt{2}}{2} - 1\cdot\frac{\sqrt{2}}{2}\\ &= -\frac{\sqrt{2}}{2}\end{aligned}$$

(4)
$$\begin{aligned}\sin(135°) &= \sin(90° + 45°)\\ &= \sin(90°)\cos(45°) - \cos(90°)\sin(45°)\\ &= 1\cdot\frac{\sqrt{2}}{2} - 0\cdot\frac{\sqrt{2}}{2}\\ &= \frac{\sqrt{2}}{2}\end{aligned}$$

예제 1.5.5 다음 식을 간단히 하여라.

(1) $\dfrac{\cos 2x}{\cos x - \sin x}$　　(2) $\dfrac{1+\tan^2 x}{\sec x}$

(3) $\dfrac{1-\cos 2x}{\sin 2x}$　　(4) $\dfrac{(1-\sec^2 x)\cos^2 x}{\sin^2 x}$

풀이 (1) $\dfrac{\cos 2x}{\cos x-\sin x}=\dfrac{\cos^2 x-\sin^2 x}{\cos x-\sin x}=\dfrac{(\cos x+\sin x)(\cos x-\sin x)}{\cos x-\sin x}$

$$=\cos x+\sin x$$

(2) $\dfrac{1+\tan^2 x}{\sec x}=\dfrac{\sec^2 x}{\sec x}=\sec x$

(3) $\dfrac{1-\cos 2x}{\sin 2x}=\dfrac{1-(1-2\sin^2 x)}{2\sin x\cos x}=\dfrac{\sin x}{\cos x}=\tan x$

(4) $\dfrac{(1-\sec^2 x)\cos^2 x}{\sin^2 x}=\dfrac{-\tan^2 x\cos^2 x}{\sin^2 x}=-1$

예제 1.5.6 x가 제4분면의 각이고 $\cos x=\dfrac{2}{\sqrt{13}}$일 때 $\sin x$, $\tan x$, $\sin^2\dfrac{x}{2}$, $\cos^2\dfrac{x}{2}$, $\tan\dfrac{x}{2}$를 구하여라.

풀이 제4분면에서는 $\cos x$는 양이고 $\sin x$와 $\tan x$는 음이라는 사실에 유의해야 한다.

$$\sin x=-\frac{3}{\sqrt{13}},\ \tan x=-\frac{3}{2}$$

$$\sin^2\frac{x}{2}=\frac{1-\cos x}{2}=\frac{1-\dfrac{2}{\sqrt{13}}}{2}=\frac{\sqrt{13}-2}{2\sqrt{13}}=\frac{13-2\sqrt{13}}{26}$$

$$\cos^2\frac{x}{2}=\frac{1+\cos x}{2}=\frac{1+\dfrac{2}{\sqrt{13}}}{2}=\frac{\sqrt{13}+2}{2\sqrt{13}}=\frac{13+2\sqrt{13}}{26}$$

예제 1.5.5 (3)에 의하여 $\tan\dfrac{x}{2}=\dfrac{1-\cos x}{\sin x}$임을 알 수 있다. 따라서

$$\tan\frac{x}{2}=\frac{1-\cos x}{\sin x}=\frac{1-\dfrac{2}{\sqrt{13}}}{\dfrac{-3}{\sqrt{13}}}=\frac{\sqrt{13}-2}{-3}=\frac{2-\sqrt{13}}{3}$$

다음은 역삼각함수에 대하여 알아보자. 삼각함수는 주기함수이므로 일대일 대응 함수가 아니다. 그러나 주정의역(principal domain)을 제한함으로써 일대일 대응 함수가 되게 할 수 있다. 즉, 삼각함수의 역함수를 다음과 같이 정의할 수 있다.

정의 1.5.2 역삼각함수의 정의

(1) $y=\sin x\left(-\frac{\pi}{2} \le x \le \frac{\pi}{2},\ -1 \le y \le 1\right)$의 역함수는 $y=\sin^{-1}x$ 또는 $y=\arcsin x$로 표기하고 그의 정의역과 치역은 각각 다음과 같다.

$$\text{정의역: } -1 \le x \le 1,\ \text{치역: } -\frac{\pi}{2} \le y \le \frac{\pi}{2}$$

(2) $y=\cos x\,(0 \le x \le \pi,\ -1 \le y \le 1)$의 역함수는 $y=\cos^{-1}x$ 또는 $y=\arccos x$로 표기하고 그의 정의역과 치역은 각각 다음과 같다.

$$\text{정의역: } -1 \le x \le 1,\ \text{치역: } 0 \le y \le \pi$$

(3) $y=\tan x\left(-\frac{\pi}{2} < x < \frac{\pi}{2},\ -\infty < y < \infty\right)$의 역함수는 $y=\tan^{-1}x$ 또는 $y=\arctan x$로 표기하고 그의 정의역과 치역은 각각 다음과 같다.

$$\text{정의역: } -\infty < x < \infty,\ \text{치역: } -\frac{\pi}{2} < y < \frac{\pi}{2}$$

삼각함수의 역함수 $\sin^{-1}x$, $\cos^{-1}x$, $\tan^{-1}x$를 역삼각함수라 한다. 역삼각함수의 그래프는 다음과 같다.

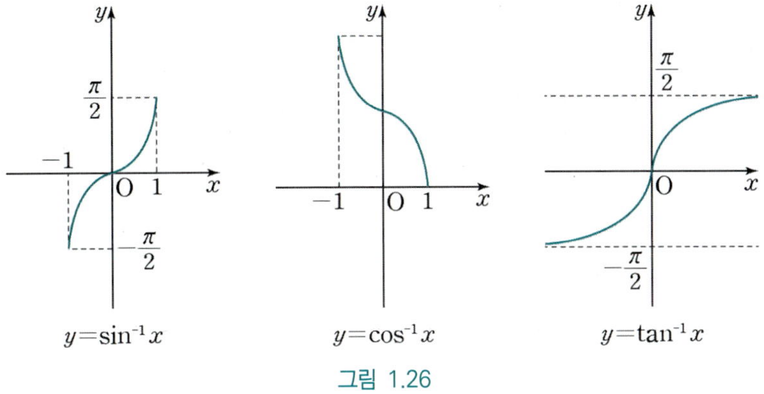

그림 1.26

예제 1.5.7 다음 값을 구하여라.

(1) $\sin^{-1}\frac{1}{2}$ (2) $\cos^{-1}\frac{\sqrt{3}}{2}$

(3) $\tan^{-1}\sqrt{3}$ (4) $\sin^{-1}\left(-\frac{\sqrt{3}}{2}\right)$

풀이 (1) $\sin^{-1}\dfrac{1}{2}=y$라 하면 $\sin y=\dfrac{1}{2}$

$$\therefore\ y=\frac{\pi}{6}\left(-\frac{\pi}{2}\le y\le\frac{\pi}{2}\right)$$

(2) $\cos^{-1}\dfrac{\sqrt{3}}{2}=y$라 하면 $\cos y=\dfrac{\sqrt{3}}{2}$

$$\therefore\ y=\frac{\pi}{6}(0\le y\le\pi)$$

(3) $\tan^{-1}\sqrt{3}=y$라 하면 $\tan y=\sqrt{3}$

$$\therefore\ y=\frac{\pi}{3}\left(-\frac{\pi}{2}<y<\frac{\pi}{2}\right)$$

(4) $\sin^{-1}\left(-\dfrac{\sqrt{3}}{2}\right)=y$라 하면 $\sin y=-\dfrac{\sqrt{3}}{2}$

$$\therefore\ y=-\frac{\pi}{3}\left(-\frac{\pi}{2}\le y\le\frac{\pi}{2}\right)$$

1.5 연 | 습 | 문 | 제

1 다음 삼각함수의 값을 구하여라.

(1) $\sin\left(\frac{\pi}{3}\right)$ (2) $\tan\frac{\pi}{6}$

(3) $\sin 150°$ (4) $\tan 210°$

(5) $\cos\frac{5}{4}\pi$ (6) $\sin 120°$

(7) $\sin\left(-\frac{\pi}{3}\right)$ (8) $\tan\left(-\frac{1}{4}\pi\right)$

(9) $\tan 330°$ (10) $\tan 120°$

2 다음 값을 구하여라.

(1) $\sin^{-1}0$ (2) $\cos^{-1}\frac{1}{2}$

(3) $\tan^{-1}\frac{1}{\sqrt{3}}$ (4) $\sin^{-1}\left(\frac{\sqrt{3}}{2}\right)$

(5) $\cos(\sin^{-1}0)$ (6) $\tan\left(\tan^{-1}\frac{1}{2}\right)$

(7) $\tan\left(\tan^{-1}\frac{1}{\sqrt{3}}\right)$ (8) $\cos\left(\sin^{-1}\left(\frac{\sqrt{3}}{2}\right)\right)$

3 제1사분면의 각 α와 β에 대하여 $\sin\alpha = \frac{2}{\sqrt{13}}$, $\sin\beta = \frac{3}{5}$일 때 $\sin(\alpha+\beta)$와 $\cos(\alpha+\beta)$를 구하여라.

4 제2사분면의 각 θ에 대하여 $\sin\theta = \frac{2}{7}$일 때, 다음 값을 구하여라.

(1) $\cos\theta$ (2) $\sin 2\theta$

(3) $\cos^2\frac{\theta}{2}$ (4) $\sin^2\frac{\theta}{2}$

5 제1사분면에서 $\tan\theta = \dfrac{1}{2}$일 때 $\sin\theta$와 $\cos\theta$를 구하여라.

6 $\sin\theta - \cos\theta = \dfrac{1}{3}$일 때 다음을 구하여라.

(1) $\sin\theta\cos\theta$

(2) $\tan\theta + \cot\theta$

7 각 θ가 $2n\pi + \dfrac{\pi}{2} < \theta < 2n\pi + \pi$ (단 n은 정수)를 만족할 때 $\dfrac{\theta}{3}$은 제 몇 사분면의 각인지 구하여라.

8 둘레의 길이가 40인 부채꼴의 최대넓이와 중심각의 크기를 구하여라.

9 이차방정식 $x^2 - (\tan\theta + \cot\theta)x - 4 = 0$의 한 근이 4일 때 $\sin\theta\cos\theta$의 값을 구하여라.

10 $\triangle ABC$에서 $\cos\dfrac{A+B}{2} = \dfrac{1}{4}$일 때 $\sin\dfrac{C}{2}$의 값을 구하여라.

제 2 장

함수의 극한과 연속

극한은 미적분학을 이해하는 데 매우 중요한 개념이다. 함수의 극한을 이용하여 변화율과 미분을 구할 수 있고, 합의 극한은 정적분과 넓이, 부피를 구할 수 있게 한다. 이 장에서는 극한의 정의를 소개하고 극한의 개념을 여러 각도에서 조명해 볼 것이다. 함수의 극한을 구하는 방법을 알아보고, 극한의 개념과 연관이 있는 함수의 연속성에 대하여 공부한다.

2.1 함수의 극한

극한 개념을 직관적으로 알아보기 위하여 x가 어떤 값 a에 한없이 가까워질 때 $f(x)$의 값의 변화를 조사하여 보자. 그림 2.1에 의하면 $f(x) = x + 1$는 x가 1에 한없이 가까워질 때 $f(x)$은 2에 한없이 가까워짐을 쉽게 알 수 있다. 그러나 유리 함수 $f(x) = \dfrac{x^2 - 1}{x - 1}$의 경우에는 $x = 1$에서 정의되지 않는다. 그러면 "x가 1에 한없이 가까워질 때 $f(x)$는 과연 어떤 값을 가지게 될 것인가" 하고 의문이 생긴다. 다음 표에서 그 해답을 찾아볼 수 있다. x가 1에 한없이 가까워질 때 $f(x) = \dfrac{x^2 - 1}{x - 1}$는 2에 한없이 가까워짐을 알 수 있다.

x	1.1	1.01	1.001	$\to \cdots$	1.000	$\cdots \leftarrow$	0.999	0.99	0.9
$f(x)$	2.1	2.01	2.001	$\to \cdots$	2.000	$\cdots \leftarrow$	1.999	1.99	1.9

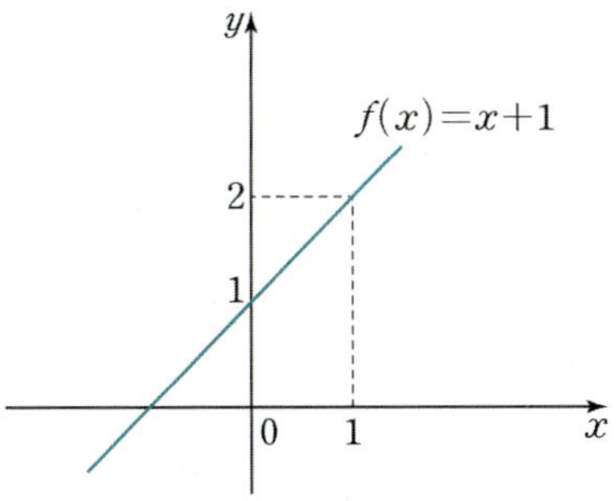

그림 2.1

이런 사실에 의해 함수의 극한을 다음과 같이 정의한다. 여기서 a의 근방(neighborhood)이란 $\epsilon > 0$일 때 열린구간 $(a - \epsilon, a + \epsilon)$을 의미한다.

정의 2.1.1

f가 a의 근방에 정의되었다고 하자. $x \neq a$인 x에 대하여 x가 a에 가까워질 때, $f(x)$는 L에 가까워지면

$$\lim_{x \to a} f(x) = L$$

또는

$$x \to a\text{일 때 } f(x) \to L$$

로 나타내고, L을 $f(x)$의 **극한**(limit) 또는 **극한값**이라고 한다.

정의 2.1.1에 의하면 $\lim_{x\to1} x+1=2$, $\lim_{x\to1}\frac{x^2-1}{x-1}=\lim_{x\to1}x+1=2$이다.

$f(x)$의 극한 $\lim_{x\to a}f(x)=L$은 x가 a에 가까이 접근할 때 $f(x)$의 값의 변화에 대하여 관심이 있을 뿐이지 결코 $x=a$일 때 $f(x)$의 값을 고려할 필요가 없다는 것이다. 그림 2.2는 $x=a$에서 $f(x)$의 값이 존재하든지 존재하지 않든지 $f(x)$의 극한값은 일정한 경우를 보여준다.

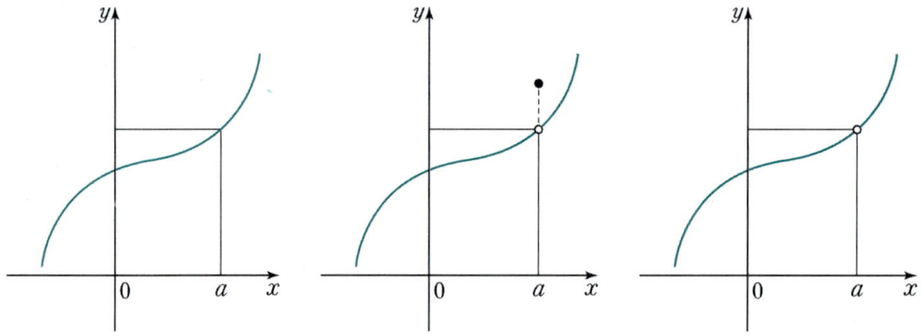

그림 2.2

예제 2.1.1 $f(x)=\dfrac{x^2-x-2}{x-2}$일 때 $x=2$에서 $f(x)$의 극한값을 추측하여라.

풀이 $f(x)$는 $x=2$에서 $f(x)$는 정의되지 않는다. $x\to2$일 때 $f(x)$의 값의 변화를 살펴보자.

x	1.9	1.99	1.999	$\to \cdots$	2.000	$\cdots \leftarrow$	2.001	2.01	2.1
$f(x)$	2.9	2.99	2.999	$\to \cdots$	3.000	$\cdots \leftarrow$	3.001	3.01	3.1

이 표에서 알 수 있듯이 $\lim_{x\to2}\frac{x^2-x-2}{x-2}=3$임을 추측할 수 있다.

$x>a$인 x에 대하여 x가 a에 가까워질 때, $x\to a^+$로 나타내고, $x<a$인 x에 대하여 x가 a에 가까워질 때, $x\to a^-$로 나타낸다.

정의 2.1.2

f가 a의 근방에 정의되었다고 하자. $x > a$인 x에 대하여 x가 a에 가까워질 때, $f(x)$는 L에 가까워지면

$$\lim_{x \to a^+} f(x) = L$$

또는

$$x \to a^+ \text{일 때 } f(x) \to L$$

로 나타내고, L을 $f(x)$의 **우극한**(limit) 또는 **우극한값**이라고 한다.

$x < a$인 x에 대하여 x가 a에 가까워질 때, $f(x)$는 L에 가까워지면

$$\lim_{x \to a^-} f(x) = L$$

또는

$$x \to a^- \text{일 때 } f(x) \to L$$

로 나타내고, $\lim_{x \to a^-} f(x) = L$을 **좌극한** 또는 **좌극한값**이라고 한다.

예제 2.1.2 $f(x) = \begin{cases} 1, & x > 0 \\ -1, & x < 0 \end{cases}$ 일 때 $x = 0$에서 $f(x)$의 극한값을 구하여라.

풀이 $\lim_{x \to a^-} f(x) = -1$이고 $\lim_{x \to a^+} f(x) = 1$이므로 $x = 0$에서 $f(x)$의 극한값이 존재하지 않는다.

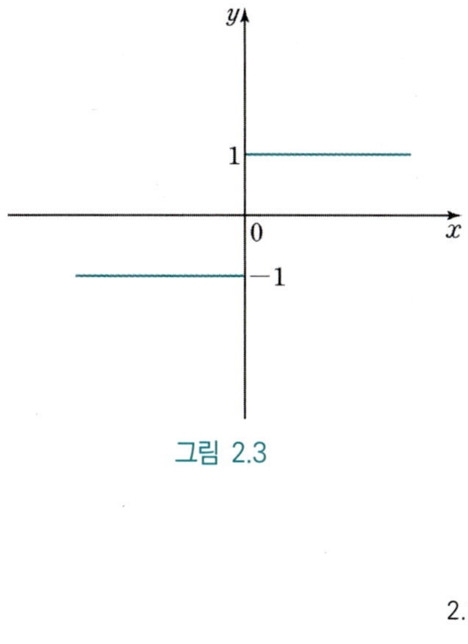

그림 2.3

정리 2.1.1

$f(x)$가 a 근방에서 정의될 때 $\lim_{x\to a} f(x) = L$을 만족하기 위한 필요충분조건은

$$\lim_{x\to a^-} f(x) = \lim_{x\to a+} f(x) = L$$

이다.

예제 2.1.3 $f(x) = \begin{cases} 2x, & x \geq 2 \\ x^{2,} & x < 2 \end{cases}$일 때 $x=2$에서 $f(x)$의 극한값을 구하여라.

풀이 $\lim_{x\to 2^-} f(x) = 4$이고 $\lim_{x\to 2^+} f(x) = 4$이므로 $x=2$에서 $f(x)$의 극한값 $\lim_{x\to 2} f(x) = 4$이다.

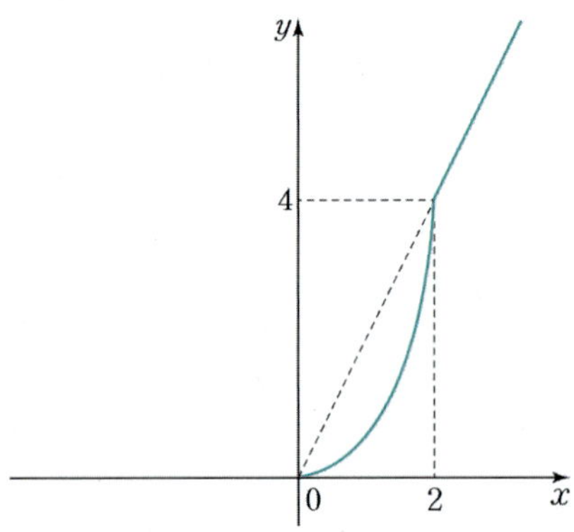

그림 2.4

예제 2.1.4 $f(x) = [x]$일 때 $x=2$에서 $f(x)$의 극한을 구하여라.

풀이 $\lim_{x\to 2^-} f(x)= 1$이고 $\lim_{x\to 2^+} f(x)= 2$이므로 $x=2$에서 $f(x)$의 극한값은 존재하지 않는다.

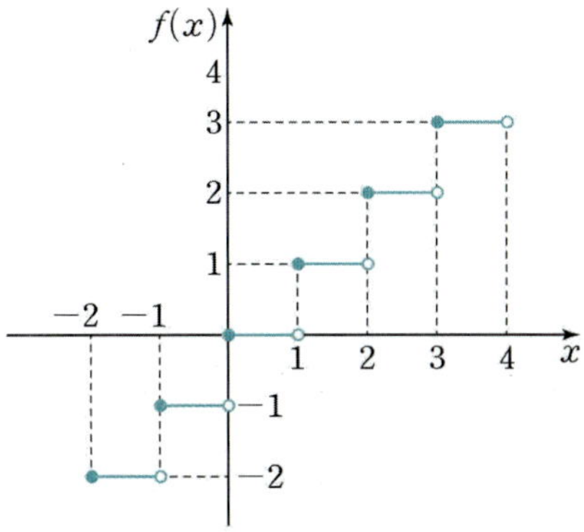

그림 2.5 $f(x)=[x]$

다음은 $\varepsilon-\delta$를 이용하여 극한을 정의한다.

| 극한의 $\varepsilon-\delta$ 논법

임의의 $\varepsilon>0$에 대하여 적당한 양수 δ가 존재하여 $0<|x-a|<\delta$인 x에 대하여 $|f(x)-L|<\epsilon$이 성립하면

$$\lim_{x\to a}f(x)=L$$

라 한다.

정리 2.1.2

$\lim_{x\to a}f(x)=L$, $\lim_{x\to a}g(x)=M$이고 k를 상수라 하면 다음이 성립한다.

(1) $\lim_{x\to a}k=k$

(2) $\lim_{x\to a}kf(x)=kL$

(3) $\lim_{x\to a}f(x)\pm g(x)=L\pm M$

(4) $\lim_{x\to a}f(x)g(x)=LM$

(5) $\lim_{x\to a}\dfrac{f(x)}{g(x)}=\dfrac{L}{M}$ (단, $M\neq 0$)

예제 2.1.5 극한 $\lim_{x\to 2}x^2+2x-5$를 구하여라.

풀이 $\lim_{x\to 2}x^2+2x-5=2^2+2\times 2-5=3$

예제 2.1.6 다음 극한을 구하여라.

(1) $\lim_{x\to2} 2x^2+x-1$ (2) $\lim_{x\to-2} x^3+5x^2+3x-6$

(3) $\lim_{x\to1}\frac{x^2+3x+4}{x+1}$ (4) $\lim_{x\to2}\frac{x^3-8}{x-2}$

풀이 (1) $\lim_{x\to2} 2x^2+x-1=9$

(2) $\lim_{x\to-2} x^3+5x^2+3x-6=0$

(3) $\lim_{x\to1}\frac{x^2+3x+4}{x+1}=4$

(4) $\lim_{x\to2}\frac{x^3-8}{x-2}=\lim_{x\to2}\frac{(x-2)(x^2+2x+4)}{x-2}=\lim_{x\to2}x^2+2x+4=12$

예제 2.1.7 다음 극한을 구하여라.

(1) $\lim_{x\to2}\frac{x^2-x-2}{x-2}$ (2) $\lim_{x\to0}\frac{\sqrt{x+1}-1}{x}$

(3) $\lim_{x\to1}\frac{\sqrt{x}-1}{x-1}$ (4) $\lim_{x\to1^+}\frac{1}{x-1}$

풀이 (1) $\lim_{x\to2}\frac{x^2-x-2}{x-2}=\lim_{x\to2}\frac{(x+1)(x-2)}{x-2}=\lim_{x\to2}x+1=3$

(2) $$\lim_{x\to0}\frac{\sqrt{x+1}-1}{x}=\lim_{x\to0}\frac{(\sqrt{x+1}-1)(\sqrt{x+1}+1)}{x(\sqrt{x+1}+1)}=\lim_{x\to0}\frac{x}{x(\sqrt{x+1}+1)}=\frac{1}{2}$$

(3) $$\lim_{x\to1}\frac{\sqrt{x}-1}{x-1}=\lim_{x\to1}\frac{(\sqrt{x}-1)(\sqrt{x}+1)}{(x-1)(\sqrt{x}+1)}=\lim_{x\to1}\frac{x-1}{(x-1)(\sqrt{x}+1)}=\frac{1}{2}$$

(4) $x\to1^+$일 때 즉, x가 우측에서 1에 가까워질 때 $\frac{1}{x-1}$은 한없이 커지므로 $\lim_{x\to1^+}\frac{1}{x-1}=\infty$이다.

다음은 극한에서 매우 중요한 짜내기 정리를 소개한다. 짜내기 정리는 어떤 함수의 극한값을 직접 구할 수 없을 때 주변함수의 극한값을 이용하여 그 함수의 극한값을 구하는 이색적인 방법이다.

정리 2.1.3 짜내기 정리

$x=a$의 근방에서 $g(x) \le f(x) \le h(x)$이고, $\lim_{x \to a} g(x) = \lim_{x \to a} h(x) = L$이면

$$\lim_{x \to a} f(x) = L$$

이다.

예제 2.1.8 $\lim_{x \to 0} x \sin \frac{1}{x}$의 값을 구하여라.

풀이 $|\sin \frac{1}{x}| \le 1$이므로 $|x \sin \frac{1}{x}| \le |x|$, $-|x| \le |x \sin \frac{1}{x}| \le |x|$이다.

또한, $\lim_{x \to 0} -|x| = \lim_{x \to 0} |x| = 0$이므로 $\lim_{x \to 0} x \sin \frac{1}{x} = 0$이다.

정의 2.1.3

양수 x가 한없이 커질 때 $f(x)$가 일정한 값 L에 한없이 가까워지면

$$\lim_{x \to \infty} f(x) = L$$

로 나타내며, 음수 x가 한없이 작아질 때 $f(x)$가 일정한 값 L에 한없이 가까워지면

$$\lim_{x \to -\infty} f(x) = L$$

로 나타낸다.

예제 2.1.9 $\lim_{x \to \infty} \frac{1}{x}$을 구하여라.

풀이 x가 ∞로 무한히 가까이 가면 $\frac{1}{x}$은 0에 가까워지므로 $\lim_{x \to \infty} \frac{1}{x} = 0$이다.

참고 $\frac{\infty}{\infty}$ 형태의 극한

$\lim_{x\to\infty}\frac{p(x)}{q(x)}$ 또는 $\lim_{x\to-\infty}\frac{p(x)}{q(x)}$가 부정형 $\frac{\infty}{\infty}$ 형태의 극한값은

(1) 분자의 차수와 분모의 차수가 같으면, 최고차항의 계수의 비가 극한이 된다.

(2) 분자의 차수가 분모의 차수보다 작으면, 극한은 0이 된다.

(3) 분자의 차수가 분모의 차수보다 크면, 극한은 ∞ 또는 $-\infty$가 된다.

예제 2.1.10 다음 극한을 구하여라.

(1) $\lim_{x\to\infty} 2x-1$

(2) $\lim_{x\to\infty} \frac{1}{x^2+1}$

(3) $\lim_{x\to\infty} \frac{3x^2+x-6}{x^2-3}$

(4) $\lim_{x\to\infty} \frac{-3x^2+x-5}{x-1}$

풀이 (1) $\lim_{x\to\infty} 2x-1=\infty$

(2) $\lim_{x\to\infty} \frac{1}{x^2+1}=0$

(3) 분모, 분자를 각각 x^2으로 나누면

$$\lim_{x\to\infty} \frac{3x^2+x-6}{x^2-3}=\lim_{x\to\infty} \frac{3+\frac{1}{x}-\frac{6}{x^2}}{1-\frac{3}{x^2}}=3$$

(4) 분자의 차수가 크고 분자의 최고차항의 계수가 음수이므로

$$\lim_{x\to\infty} \frac{-3x^2+x-5}{x-1}=-\infty$$

예제 2.1.11 $\lim_{x\to\infty} 2x-x^2$을 구하여라.

풀이 $\infty-\infty$ 꼴이므로 부정형이다. 그러므로

$$\lim_{x\to\infty} 3x-x^2=\lim_{x\to\infty} x^2\left(\frac{3}{x}-1\right)=\infty\cdot(0-1)=-\infty$$

예제 2.1.12 다음 극한값 $\lim_{x \to 0} \frac{1-\cos x}{\sin^2 x}$ 을 구하여라.

풀이

$$\lim_{x \to 0} \frac{1-\cos x}{\sin^2 x} = \lim_{x \to 0} \frac{1-\cos x}{1-\cos^2 x} = \lim_{x \to 0} \frac{1-\cos x}{(1-\cos x)(1+\cos x)}$$

$$= \lim_{x \to 0} \frac{1}{(1+\cos x)} = \frac{1}{2}$$

x가 a에 가까워질 때 $f(x)$의 값이 일정한 값에 접근하지 않거나 무한히 커지거나 무한히 작아질 경우 $f(x)$가 발산한다고 한다.

정의 2.1.4 무한대로의 발산

x가 a에 한없이 가까워질 때, $f(x)$가 양수로 무한히 커지면 $f(x)$는 양의 무한대로 발산한다고 하고

$$\lim_{x \to a} f(x) = \infty$$

로 나타내며, x가 a에 한없이 가까워질 때, $f(x)$가 음수로 무한히 작아지면 $f(x)$는 음의 무한대로 발산한다고 하고

$$\lim_{x \to a} f(x) = -\infty$$

로 나타낸다.

예제 2.1.13 다음 극한을 구하여라.

(1) $\lim_{x \to 0^+} \frac{1}{x}$

(2) $\lim_{x \to 5^+} \frac{1}{x-5}$

(3) $\lim_{x \to 1^-} \frac{x^2+3x-8}{(x-1)^2}$

(4) $\lim_{x \to 2^+} \frac{x^2-2x+5}{(x-2)^3}$

풀이 (1) 양수 x가 오른쪽에서 0에 한없이 가까워질 때 $\frac{1}{x}$은 한없이 커지므로

$$\lim_{x \to 0^+} \frac{1}{x} = \infty$$

(2) x가 오른쪽에서 5에 한없이 가까워질 때 $\frac{1}{x-5}$은 한없이 커지므로

$$\lim_{x\to 0^+}\frac{1}{x-5}=\infty$$

(3) 양수 x가 왼쪽에서 1에 한없이 가까워질 때 $(x-1)^2$은 0에 가까워지고 x^2+3x-8는 -4에 가까워진다. 따라서

$$\lim_{x\to 1^-}\frac{x^2+3x-4}{(x-1)^2}=-\infty$$

(4) 양수 x가 오른쪽에서 2에 한없이 가까워질 때 $(x-2)^3$은 0에 가까워지고 x^2-2x+5는 5에 가까워진다. 따라서

$$\lim_{x\to 2^+}\frac{x^2-2x+5}{(x-2)^3}=\infty$$

정리 2.1.4

$$\lim_{x\to 0}\frac{\sin x}{x}=1$$

증명 (i) $0<x<\frac{\pi}{2}$일 때

(삼각형 OAB의 넓이)<(부채꼴 OAB의 넓이)<(삼각형 OAC의 넓이)의 관계가 있으므로 다음이 성립한다.

$$\sin x < x < \tan x$$

$\sin x$로 나누면 $1<\frac{x}{\sin x}<\frac{1}{\cos x}$이고, 이를 역수로 취하면

$$\cos x < \frac{\sin x}{x} < 1$$

이다.

$\lim_{x\to 0^+}\cos x=1$이므로 짜내기 정리에 의하여

$$\lim_{x\to 0^+}\frac{\sin x}{x}=1$$

이 성립한다.

(ii) $-\frac{\pi}{2} < x < 0$일 때

$x = -t$로 치환하면 $0 < t < \frac{\pi}{2}$이고, (i)에 의하여 다음 식이 성립한다.

$$\lim_{x \to 0^-} \frac{\sin x}{x} = \lim_{t \to 0^+} \frac{\sin(-t)}{-t} = \lim_{t \to 0^+} -\frac{\sin(t)}{-t}$$
$$= \lim_{t \to 0^+} \frac{\sin(t)}{t} = 1$$

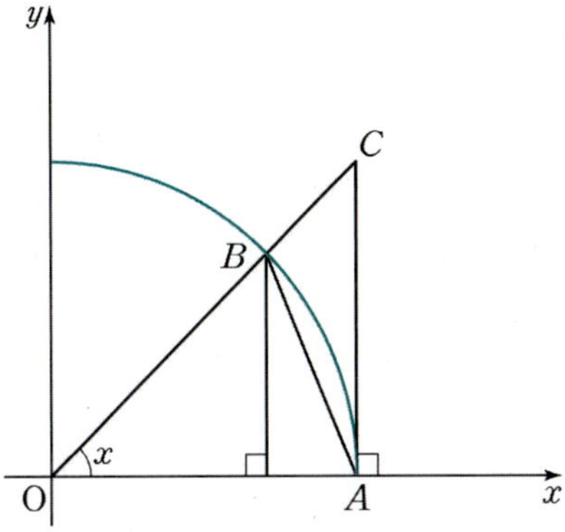

그림 2.6

예제 2.1.14 다음 극한을 구하여라.

(1) $\lim_{x \to 0} \frac{\sin 2x}{x}$ (2) $\lim_{x \to 0} \frac{x}{\sin 5x}$

(3) $\lim_{x \to 0} \frac{\sin 2x}{\sin 3x}$ (4) $\lim_{x \to 0} \frac{\tan x}{x}$

풀이 (1) $t = 2x$로 두면 $x \to 0$일 때 $t \to 0$이다. 따라서

$$\lim_{x \to 0} \frac{\sin 2x}{x} = \lim_{x \to 0} 2 \times \frac{\sin 2x}{2x} = 2\lim_{t \to 0} \frac{\sin t}{t} = 2$$

(2) $t = 5x$로 두면 $x \to 0$일 때 $t \to 0$이다. 따라서

$$\lim_{x \to 0} \frac{x}{\sin 5x} = \lim_{x \to 0} \frac{1}{5} \times \frac{5x}{\sin 5x} = \frac{1}{5}\lim_{t \to 0} \frac{t}{\sin t} = \frac{1}{5}$$

(3) $$\lim_{x \to \infty} \frac{\sin 2x}{\sin 3x} = \lim_{x \to \infty} \frac{2x \times \frac{\sin 2x}{2x}}{3x \times \frac{\sin 3x}{3x}} = \frac{2}{3}$$

(4) $\lim_{x \to 0} \frac{\tan x}{x} = \lim_{x \to 0} \frac{\sin x}{\cos x}\frac{1}{x} = \lim_{x \to 0} \frac{\sin x}{x}\frac{1}{\cos x} = 1$

무리수 $e\,(e = 2.71828182\cdots)$는 다음 극한값으로 정의된다.

$$\lim_{x \to \infty}\left(1 + \frac{1}{x}\right)^{x} = e$$

한편 $\frac{1}{x} = t$로 놓으면 $x \to \infty$일 때 $t \to 0$이므로

$$\lim_{t \to 0}(1+t)^{\frac{1}{t}} = e$$

예제 2.1.15 다음 극한값을 구하여라.

(1) $\lim_{x \to 0}(1+x)^{\frac{1}{2x}}$

(2) $\lim_{x \to \infty}(1 + \frac{1}{2x})^{5x}$

(3) $\lim_{x \to \infty}\left(1 - \frac{1}{x}\right)^{3x}$

(4) $\lim_{x \to 0}\frac{\ln(1+x)}{x}$

풀이 (1) $\lim_{x \to 0}(1+x)^{\frac{1}{2x}} = \lim_{x \to 0}\left\{(1+x)^{\frac{1}{x}}\right\}^{\frac{1}{2}} = e^{\frac{1}{2}}$

(2) $\lim_{x \to \infty}\left(1 + \frac{1}{2x}\right)^{5x} = \lim_{x \to \infty}\left\{\left(1 + \frac{1}{2x}\right)^{2x}\right\}^{\frac{5}{2}} = e^{\frac{5}{2}}$

(3) $-\frac{1}{x} = t$로 두면 $x \to \infty$일 때 $t \to 0$이므로

$$\begin{aligned}\lim_{x \to \infty}\left(1 - \frac{1}{x}\right)^{3x} &= \lim_{x \to \infty}\left\{\left\{\left(1 - \frac{1}{x}\right)\right\}^{-x}\right\}^{-3} \\ &= \lim_{t \to 0}\left\{(1+t)^{\frac{1}{t}}\right\}^{-3} = e^{-3} = \frac{1}{e^3}\end{aligned}$$

(4) $$\begin{aligned}\lim_{x \to 0}\frac{\ln(1+x)}{x} &= \lim_{x \to 0}\frac{1}{x}\ln(1+x) \\ &= \lim_{x \to 0}\ln(1+x)^{\frac{1}{x}} = \ln e = 1\end{aligned}$$

정의 2.1.5

함수 $f(x)$가 $x=a$에서 연속(continuity)이라는 것은

(i) $f(a)$가 정의되고,

(ii) 극한값 $\lim_{x\to a^-} f(x) = \lim_{x\to a^+} f(x) = \lim_{x\to a} f(x)$이 존재하며,

(iii) $\lim_{x\to a} f(x) = f(a)$

일 때를 말한다. 즉, 함수 $f(x)$가 a 근방에서 정의되고 $\lim_{x\to a} f(x) = f(a)$가 성립할 때 $f(x)$는 $x=a$에서 연속이라고 한다. 또, 함수 $f(x)$가 구간 I 내의 모든 점에서 연속일 때, $f(x)$는 구간 I에서 연속이라 한다. $f(x)$는 $x=a$에서 연속이 아닐 때 $f(x)$는 $x=a$에서 불연속(discontinuous)이라고 한다.

예제 2.1.16 함수 $f(x)=x^3$은 모든 실수에서 연속임을 보여라.

증명 임의의 실수 a에 대하여 $\lim_{x\to a} f(x) = \lim_{x\to a} x^3 = a^3 = f(a)$. 따라서 $f(x)=x^3$은 모든 실수에서 연속이다.

예제 2.1.17 함수 $f(x) = \dfrac{x^3-1}{x-1}$은 $x=1$에서 불연속임을 보이고, $x=1$에서 연속이 되도록 함숫값 $f(1)$을 정의하여라.

풀이 $f(x)$는 $x=1$에서 정의되지 않으므로 불연속이다.
이때 $f(1) = \lim_{x\to 1} f(x) = \lim_{x\to 1} (x^2+x+1) = 3$으로 정의하면 $f(x)$는 $x=1$에서 연속이 된다.

정리 2.1.5

두 함수 $f(x)$와 $g(x)$가 $x=a$에서 연속이면

(1) $f(x) \pm g(x)$ (2) $f(x)\cdot g(x)$ (3) $\dfrac{f(x)}{g(x)}$ (단, $g(a) \neq 0$)

도 $x=a$에서 연속이다.

증명 (1) $k(x)=f(x)+g(x)$라고 하자.

$$\lim_{x\to a}k(x)=\lim_{x\to a}[f(x)+g(x)]=\lim_{x\to a}f(x)+\lim_{x\to a}g(x)$$
$$=f(a)+g(a)=k(a)$$

(2), (3)도 같은 방법으로 증명할 수 있다.

예제 2.1.18 다음 함수의 주어진 점 c에서의 연속성을 밝혀라.

(1) $f(x)=\begin{cases}1, & x=1\\ \dfrac{x-1}{x^2-1}, & x\neq 1\end{cases};\ c=1$

(2) $f(x)=\begin{cases}x+2, & x\leq 0\\ -x+2, & x>0\end{cases};\ c=0$

(3) $f(x)=\dfrac{\cos x}{1+\sin x},\ c=\dfrac{3}{2}\pi$

(4) $f(x)=\sqrt{(x-1)^2+1},\ c=1$

풀이 (1) $\lim_{x\to 1^-}f(x)=\lim_{x\to 1^+}f(x)=\dfrac{1}{2}$, 즉, $\lim_{x\to 1}f(x)=\dfrac{1}{2}$이다. 하지만 $f(1)=1$이므로 $\lim_{x\to 1}f(x)\neq f(1)$. 따라서 $c=1$에서 불연속이다.

(2) $\lim_{x\to 0^-}f(x)=\lim_{x\to 0^-}x+2=2,\ \lim_{x\to 0^+}f(x)=\lim_{x\to 0^+}-x+2=2.$

$f(0)=2$이므로 $c=0$에서 연속이다.

(3) $f(x)=\dfrac{\cos x}{1+\sin x}$는 $c=\dfrac{3}{2}\pi$에서 정의되지 않으므로 불연속이다.

(4) $\lim_{x\to 1^-}\sqrt{(x-1)^2+1}=\lim_{x\to 1^+}\sqrt{(x-1)^2+1}=1$이고 $f(1)=1$이므로 $c=1$에서 연속이다.

2.1 연습문제

1 다음 극한값을 구하여라.

(1) $\lim_{x \to -2} 5x+5$

(2) $\lim_{x \to 3} x^3-4x^2+5x-3$

(3) $\lim_{x \to -1} x^3-3x^2+3$

(4) $\lim_{x \to 4} -x^3+2x^2-6$

(5) $\lim_{x \to 0} -3x^2+x-5$

(6) $\lim_{x \to 2} x^3-3x^2+1$

(7) $\lim_{x \to 1} \frac{x^2+2x-3}{x-1}$

(8) $\lim_{x \to 2} \frac{4x^2-3x+9}{x-1}$

(9) $\lim_{x \to 2} \frac{x^2+2x-8}{x-2}$

(10) $\lim_{x \to 1} \frac{x^3-1}{x-1}$

(11) $\lim_{x \to 3} \frac{1}{(x-3)^2}$

(12) $\lim_{x \to 0} \frac{3-\sqrt{9-x}}{x}$

(13) $\lim_{x \to \infty} \sqrt{x^2+1}-x$

(14) $\lim_{x \to \infty} \sqrt{x}(\sqrt{x+1}-\sqrt{x})$

2 다음 극한을 구하여라.

(1) $\lim_{x \to 0} \frac{\sin 2x}{2x}$

(2) $\lim_{x \to 0} \frac{6x}{\sin 3x}$

(3) $\lim_{x \to 0} \frac{\sin 2x}{x \cos x}$

(4) $\lim_{x \to 0} \frac{2x}{\tan x}$

(5) $\lim_{x \to 0} \frac{\sin x}{\sqrt{x}}$

(6) $\lim_{x \to 0} \frac{1-\cos x}{\sin^2 x}$

(7) $\lim_{x \to \frac{\pi}{4}} \frac{1+\cos x}{\tan 2x}$

(8) $\lim_{x \to 0} \frac{\tan 3x}{2x^2+5x}$

(9) $\lim_{x \to 0} x \cot 3x$

(10) $\lim_{x \to 0} \frac{\sin 3x}{\sin 4x}$

3 $\lim_{x \to 2} \frac{a\sqrt{x+1}-b}{x-2} = \sqrt{3}$ 을 만족하는 a, b를 구하여라.

4 $f(x)=\begin{cases} x+3 & (x \geq 1) \\ 3x+1 & (x<1) \end{cases}$일 때, $\lim_{x \to 1} f(x)$를 구하여라.

5 다음 함수의 연속성을 조사하여라.

(1) $f(x)=\begin{cases} \dfrac{x^2-9}{x-3} & (x \neq 3) \\ 6 & (x=3) \end{cases}$

(2) $f(x)=\begin{cases} x \cdot \sin\dfrac{1}{x} & (x \neq 0) \\ 0 & (x=0) \end{cases}$

6 다음 함수의 주어진 점 c에서의 연속성을 판정하여라.

(1) $f(x)=[x]$: $c=1$

(2) $f(x)=[x]$: $c=2.5$

(3) $f(x)=[\sin x]$: $c=\dfrac{\pi}{2}$

(4) $f(x)=[\sin x]$: $c=\pi$

7 $f(x)=\begin{cases} -x & (x \leq 1) \\ x+2 & (x>1) \end{cases}$에 대하여 문제에 답하여라.

(1) $\lim_{x \to 1^+} f(x)$

(2) $\lim_{x \to 1^-} f(x)$

8 다음 극한을 구하여라.

(1) $\lim_{x \to 0} \dfrac{\sin 2x}{x}$

(2) $\lim_{x \to \infty} \dfrac{\cos x}{x+1}$

(3) $\lim_{x \to \frac{\pi}{2}} \sin[x]$

(4) $\lim_{x \to 0} \dfrac{|x^3|}{x}$

(5) $\lim_{x \to 0}(1+2x)^{\frac{1}{x}}$

(6) $\lim_{x \to 0} \dfrac{x}{e^x-1}$

(7) $\lim_{x \to 0}(1+ax)^{\frac{1}{x}}$

(8) $\lim_{x \to 1} x^{\frac{1}{1-x}}$

제 3 장
도함수

움직이는 물체의 순간속도는 평균속도의 극한으로 정의된다. 곡선의 평균변화율의 극한은 그 곡선의 순간변화율이며, 그 점에서의 접선의 기울기이다. 즉, 극한의 개념을 이용하여 순간변화율(미분계수)을 정의하고, 이로부터 도함수의 개념을 이끌어낸다. 이 장에서는 도함수의 정의와 공식을 소개하고, 여러 가지 함수에 대한 도함수의 계산법을 배운다.

3.1 도함수의 정의

정의 3.1.1

함수 $y=f(x)$에 대하여 x가 a에서 $a+\Delta x$로 변할 때 $f(x)$는 $f(a)$에서 $f(a+\Delta x)$로 변한다. 이때

$$\frac{\Delta y}{\Delta x}=\frac{f(a+\Delta x)-f(a)}{\Delta x}$$

를 $f(x)$의 a로부터 $a+\Delta x$까지의 평균변화율이라고 한다.

$\lim_{\Delta x\to 0}\frac{\Delta x}{\Delta y}$가 존재하면 이를 $x=a$에서의 함수 $f(x)$의 순간변화율 또는 미분계수라 하고 $f'(a)$로 나타낸다. 즉,

$$f'(a)=\lim_{\Delta x\to 0}\frac{f(a+\Delta x)-f(a)}{\Delta x}$$

이때 $f(x)$는 $x=a$에서 미분가능(differentiable)이라 한다. $f(x)$가 개구간 I의 각 점에서 미분가능할 때 $f(x)$는 구간 I에서 미분가능하다고 한다.

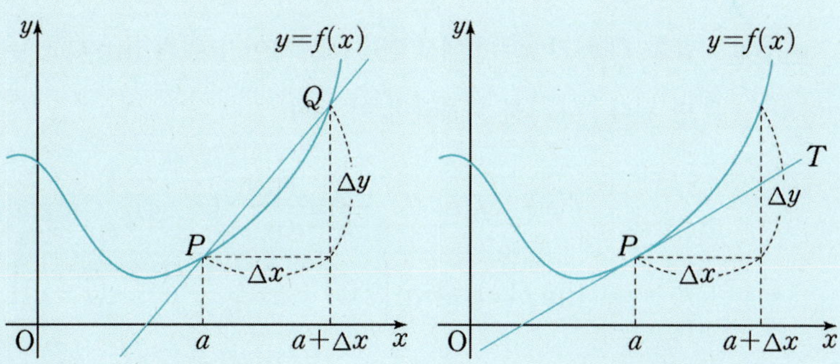

(a) 평균변화율 (b) 미분계수

그림 3.1

평균변화율 $\frac{\Delta y}{\Delta x}$ 직선 PQ의 기울기를 나타내고, 미분계수(순간변화율) $f'(a)$는 점 $(a, f(a))$에서 접선의 기울기를 나타낸다.

정의 3.1.2

각 점 x에 $y=f(x)$의 미분계수를 대응시킨 함수를 $f(x)$의 도함수(derivative)라 하고 $f'(x)$, $\frac{df(x)}{dx}$, y', $\frac{dy}{dx}$ 등의 기호로 나타낸다. 즉,

$$f'(x)=\lim_{\Delta x\to 0}\frac{f(x+\Delta x)-f(x)}{\Delta x}$$

도함수를 구하는 것을 미분한다(differentiate)고 한다.

$f'(x)$가 다시 미분가능할 때 $f'(x)$의 도함수를 $f''(x)$, $\frac{d^2f(x)}{dx^2}$, y'', $\frac{d^2y}{dx^2}$로 나타내고 $f(x)$의 2계 도함수라고 한다. $f'(c)$가 존재할 때 $f(x)$를 $x=c$에서 미분가능하다고 하며 $f(x)$가 정의역 $D\subset R$의 모든 점에서 미분가능하면 $f(x)$는 미분가능하다고 말한다.

정리 3.1.1

함수 $f(x)$가 $x=c$에서 미분가능하면 $f(x)$는 $x=c$에서 연속이다.

증명 함수 $f(x)$가 $x=c$에서 연속임을 보이기 위해 $\lim_{x\to c}f(x)=f(c)$임을 보이면 된다. $f(x)$를 다음과 같이 두자.

$$f(x)=f(c)+\frac{f(x)-f(c)}{x-c}\cdot(x-c),\qquad x\neq c$$

$$\begin{aligned}\lim_{x\to c}f(x)&=\lim_{x\to c}\left[f(c)+\frac{f(x)-f(c)}{x-c}\cdot(x-c)\right]\\&=\lim_{x\to c}f(c)+\lim_{x\to c}\frac{f(x)-f(c)}{x-c}\cdot(x-c)\\&=f(c)+f'(x)\cdot 0\\&=f(c)\end{aligned}$$

예제 3.1.1 다음 함수의 도함수를 도함수의 정의에 의하여 구하여라.

(1) $f(x)=2x$ (2) $f(x)=x^2$

(3) $f(x)=x^2-x$ (4) $f(x)=\dfrac{1}{x}$

풀이 (1) $f'(x)=\lim_{\Delta x\to 0}\dfrac{f(x+\Delta x)-f(x)}{\Delta x}=\lim_{\Delta x\to 0}\dfrac{2(x+\Delta x)-2x}{\Delta x}$

$$=\lim_{\Delta x\to 0}\frac{2\Delta x}{\Delta x}=2$$

(2) $f'(x)=\lim_{\Delta x\to 0}\dfrac{f(x+\Delta x)-f(x)}{\Delta x}=\lim_{\Delta x\to 0}\dfrac{(x+\Delta x)^2-x^2}{\Delta x}$

$$=\lim_{\Delta x\to 0}\frac{x^2+2x\Delta x+(\Delta x)^2-x^2}{\Delta x}=\lim_{\Delta x\to 0}\frac{2x\Delta x+(\Delta x)^2}{\Delta x}$$

$$=\lim_{\Delta x\to 0}2x+\Delta x=2x$$

(3) $f'(x)=\lim_{\Delta x\to 0}\dfrac{f(x+\Delta x)-f(x)}{\Delta x}$

$$=\lim_{\Delta x\to 0}\frac{(x+\Delta x)^2-(x+\Delta x)-x^2-x}{\Delta x}$$

$$=\lim_{\Delta x\to 0}\frac{x^2+2x\Delta x+(\Delta x)^2-x-\Delta x-x^2+x}{\Delta x}$$

$$=\lim_{\Delta x\to 0}\frac{2x\Delta x+(\Delta x)^2-\Delta x}{\Delta x}=\lim_{\Delta x\to 0}2x+(\Delta x)-1$$

$$=\lim_{\Delta x\to 0}2x-1$$

(4) $f'(x)=\lim_{\Delta x\to 0}\dfrac{f(x+\Delta x)-f(x)}{\Delta x}=\lim_{\Delta x\to 0}\dfrac{\dfrac{1}{x+\Delta x}-\dfrac{1}{x}}{\Delta x}$

$$=\lim_{\Delta x\to 0}\frac{1}{\Delta x}\cdot\frac{-\Delta x}{x(x+\Delta x)}=\lim_{\Delta x\to 0}-\frac{1}{x^2}$$

예제 3.1.2 $f(x)=c$ (c는 상수)이면 $f'(x)=0$임을 보여라.

풀이 $f'(x)=\lim_{\Delta x\to 0}\dfrac{f(x+\Delta x)-f(x)}{\Delta x}=\dfrac{c-c}{\Delta x}=0$

3.1 연 습 문 제

1 2차 함수 $f(x)=x^2-3x+2$에 대하여 다음을 구하여라.

(1) x가 1에서 3까지 변할 때 평균 변화율

(2) $x=2$에서 미분계수

2 함수 $f(x)$가 $x=a$에서 미분가능할 때 다음 극한값을 $f(a)$와 $f'(a)$로 나타내어라.

(1) $\lim_{h\to 0}\dfrac{f(a+2h)-f(a+h)}{h}$ (2) $\lim_{x\to a}\dfrac{xf(a)-af(x)}{x-a}$

3 함수 $f(x)$가 $f(4)=a,\ f'(4)=b$라고 할 때 다음 극한값을 a와 b로 나타내어라.

(1) $\lim_{x\to 2}\dfrac{f(x^2)-f(4)}{x-2}$ (2) $\lim_{x\to 2}\dfrac{x^2f(4)-4f(x^2)}{x-2}$

4 다음 함수의 도함수를 도함수의 정의에 의하여 구하여라.

(1) $f(x)=\sqrt{x}$ (2) $f(x)=x^2-2x$

(3) $f(x)=\dfrac{1}{x+1}$ (4) $f(x)=\dfrac{1}{x^2}$

3.2 도함수의 기본 공식

정리 3.2.1

(1) $f(x)=x^n$이면 $f'(x)=nx^{n-1}$ (n: 양의 정수)

(2) $f(x)$가 미분가능이면 $\{cf(x)\}'=cf'(x)$ (c: 상수)

(3) $\{f(x)\pm g(x)\}'=f'(x)\pm g'(x)$

(4) $\{f(x)\cdot g(x)\}'=f'(x)g(x)+f(x)g'(x)$

(5) $\left\{\dfrac{f(x)}{g(x)}\right\}'=\dfrac{f'(x)g(x)-f(x)g'(x)}{\{g(x)\}^2}$

예제 3.2.1 $f(x)=x^5$일 때 $f'(x)$를 구하여라.

풀이 $f'(x)=5x^4$

예제 3.2.2 다음 함수의 도함수를 구하여라.

(1) $f(x)=x+5$

(2) $f(x)=x+x^3+x^5$

(3) $f(x)=(x^2+1)(x^3-2x)$

(4) $f(x)=(x^3+x)x^5$

(5) $f(x)=\dfrac{2x-1}{x^2}$

(6) $f(x)=\dfrac{x^2+2x+1}{3x}$

풀이 (1) $f'(x)=1$

(2) $f'(x)=1+3x^2+5x^4$

(3) $f'(x)=2x(x^3-2x)+(x^2+1)(3x^2-2)$

$=2x^4-4x^2+3x^4+x^2-2=5x^4-3x^2-2$

(4) $f'(x)=(3x^2+1)x^5+5(x^3+x)x^4=8x^7+6x^5$

(5) $f'(x)=\dfrac{2x^2-(2x-1)2x}{x^4}=\dfrac{-2x^2+2x}{x^4}=\dfrac{2(-x+1)}{x^3}$

(6) $f'(x)=\dfrac{(2x+2)3x-(x^2+2x+1)3}{9x^2}=\dfrac{6x^2+6x-3x^2-6x-3}{9x^2}$

$$= \frac{3(x^2-1)}{9x^2} = \frac{x^2-1}{3x^2}$$

합성함수의 미분법

$y=f(u)$는 u에서 미분가능하고, 함수 $u=g(x)$는 x에서 미분가능하면, 합성함수 $y=f(g(x))$도 미분가능하고 그 도함수는 다음과 같다.

$$\frac{dy}{dx} = \frac{dy}{du}\frac{du}{dx} = f'(u)g'(x) = f'(g(x))g'(x)$$

예제 3.2.3 $y=(x^2+2x+1)^{20}$일 때 $\frac{dy}{dx}$를 구하여라.

풀이 $u=x^2+2x+1$라고 하면 $y=u^{20}$이다.

따라서 $\frac{dy}{du}=20u^{19}$, $\frac{du}{dx}=2x+2$이고,

$$\frac{dy}{dx} = \frac{dy}{du}\frac{du}{dx} = 20u^{19}(2x+2) = 40(x^2+2x+1)^{19}(x+1)$$

예제 3.2.4 다음 합성함수의 도함수 $\frac{dy}{dx}$를 구하여라.

(1) $y=u^2-u$, $u=\frac{1}{x+1}$ (2) $y=\sqrt{u}$, $u=\frac{1+x}{1-x}$

풀이 (1) $\frac{dy}{du}=2u-1$, $\frac{du}{dx}=-\frac{1}{(x+1)^2}$이므로

$$\frac{dy}{dx} = \frac{dy}{du}\frac{du}{dx} = -(2u-1)\frac{1}{(x+1)^2} = \frac{x-1}{(x+1)^3}$$

(2) $\frac{dy}{du}=\frac{1}{2\sqrt{u}}$, $\frac{du}{dx}=\frac{2}{(1-x)^2}$이므로

$$\frac{dy}{dx} = \frac{dy}{du}\frac{du}{dx} = \frac{1}{2\sqrt{u}}\frac{2}{(1-x)^2}$$

$$= \frac{1}{\sqrt{(1+x)(1-x)^3}}$$

정의 3.2.1

$y=f(x)$로 표기된 함수를 **양함수**라고 하며, $F(x,\ y)=0$에 의하여 정의되는 함수를 **음함수**라고 한다.

음함수의 미분은 합성함수의 미분법을 적용하여 구한다. 예를 들어 $F(x,\ y)=2x+2y-5=0$를 미분하여 보자. $2x+2y-5=0$의 양변을 x에 관하여 미분하면

$$\frac{d}{dx}(2x)+\frac{d}{dx}(2y)+\frac{d}{dx}(5)=0$$

이고 이것을 정리하면 $2+2\frac{d}{dx}(y)=0$이다.

따라서

$$\frac{dy}{dx}=-1$$

이다.

예제 3.2.5 다음 음함수 $x^2+y^2=16$의 도함수를 구하여라.

풀이 양변을 x에 관하여 미분하면

$$\frac{d}{dx}(x^2)+\frac{d}{dx}(y^2)=0$$

$$2x+2y\frac{dy}{dx}=0$$

따라서 $\frac{dy}{dx}=-\frac{x}{y}$이다.

예제 3.2.6 다음 음함수 $x^2+xy+y^2=1$의 도함수를 구하여라.

풀이 양변을 x에 관하여 미분하면

$$\frac{d}{dx}(x^2)+\frac{d}{dx}(xy)+\frac{d}{dx}(y^2)=0$$

여기서 $\dfrac{d}{dx}(xy)$는 xy에 곱의 미분을 적용하면 $y+x\dfrac{dy}{dx}$가 된다.

$$\frac{d}{dx}(x^2)+\frac{d}{dx}(xy)+\frac{d}{dx}(y^2)=2x+y+x\frac{dy}{dx}+2y\frac{dy}{dx}=0$$

따라서 $\dfrac{dy}{dx}=-\dfrac{(2x+y)}{x+2y}=\dfrac{-2x-y}{x+2y}$

정의 3.2.2

연속함수 f와 g가 구간 $[a, b]$에서 정의되어 있다고 하자.
각 $t\in[a, b]$에 대하여

$$\begin{cases} x=f(t) \\ y=g(t) \end{cases}$$

를 매개변수 방정식(parametric equation)이라 하고 변수 t를 매개변수(parameter)라 한다.

매개변수 t에 대하여 (x, y)는 평면 위의 점을 나타낸다. 또, 평면 위의 점 (x, y)로 이루어진 집합

$$\{(f(t),\ g(t))\,|\,a\le t\le b\}$$

를 매개변수 방정식으로 표현된 곡선 또는 매개변수 방정식의 그래프라 한다. 매개변수 방정식에서 t를 소거하면 그 곡선의 직교방정식(rectangular equation)을 얻는다.

예제 3.2.7 다음 매개변수 방정식의 그래프를 그려라.

$$\begin{cases} x=2t \\ y=4t \end{cases},\quad t\in(-\infty,\ \infty)$$

풀이 위 식에서 t를 소거하자. 첫 번째 식에서 $t=\dfrac{x}{2}$임을 알 수 있다. 두 번째 식에 대입하면 $y=2x$를 얻는다. 따라서 그래프는 그림 3.2와 같다.

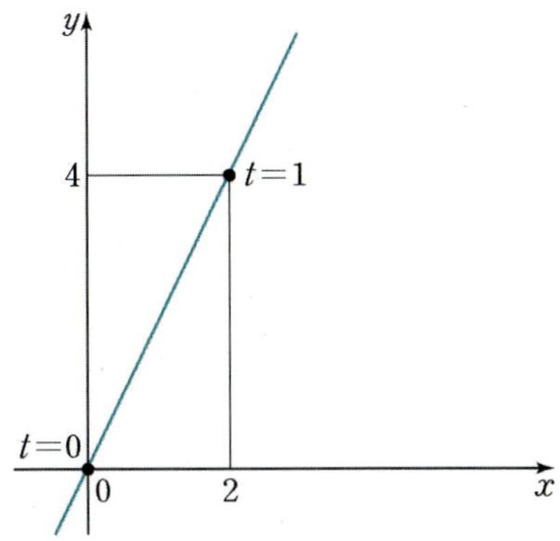

그림 3.2 $\begin{cases} x = 2t \\ y = 4t \end{cases}$ 의 그래프

예제 3.2.8 다음 매개변수 방정식은 어떤 곡선을 표현하는지 알아보아라.

$$\begin{cases} x = 2\cos t \\ y = 2\sin t \end{cases}, \quad t \in (-\infty, \infty)$$

풀이 주어진 두 식의 양변을 제곱하여 더하면

$$x^2 + y^2 = 4(\cos^2 x + \sin^2 x) = 4$$

이다. 따라서 곡선은 반지름 2인 원 $x^2 + y^2 = 2^2$이다.

정의 3.2.3 매개변수로 표시된 함수의 도함수

함수 $x = f(t)$, $y = g(t)$가 각각 t에 관하여 미분가능하고 $f'(t) \neq 0$이면, 매개변수 방정식 $\begin{cases} x = f(t) \\ y = g(t) \end{cases}$ 의 도함수 $\dfrac{dy}{dx}$는 다음과 같이 정의한다.

$$\frac{dy}{dx} = \frac{\dfrac{dy}{dt}}{\dfrac{dx}{dt}} = \frac{g'(t)}{f'(t)}$$

$t = a$에서 매개변수 방정식의 미분계수 $\dfrac{g'(a)}{f'(a)}$는 매개변수 방정식 $\begin{cases} x = f(t) \\ y = g(t) \end{cases}$ 으로 표현되는 곡선의 기울기와 같다.

예제 3.2.9 다음 매개변수 방정식의 도함수를 구하여라.

(1) $\begin{cases} x = 2t \\ y = 4t \end{cases}$ (2) $\begin{cases} x = t + \sin t \\ y = 1 - \cos t \end{cases}$

풀이 (1) $\dfrac{dx}{dt} = 2,\ \dfrac{dy}{dt} = 4$이므로

$$\frac{dy}{dx} = \frac{\dfrac{dy}{dt}}{\dfrac{dx}{dt}} = \frac{4}{2} = 2$$

(2) $x' = 1 + \cos t,\ y' = \sin t$이므로

$$\frac{dy}{dx} = \frac{y'}{x'} = \frac{\sin t}{1 + \cos t}$$

예제 3.2.10 주어진 t에서 매개변수 방정식의 접선의 방정식을 구하여라.

(1) $\begin{cases} x = t + 1 \\ y = t^2 \end{cases},\ t = 1$ (2) $\begin{cases} x = \sin t \\ y = -\cos t \end{cases},\ t = \dfrac{\pi}{3}$

풀이 (1) $\dfrac{dx}{dt} = 1,\ \dfrac{dy}{dt} = 2t$이므로 $t = 1$일 때 접선의 기울기는 2이다. $t = 1$일 때 곡선 위의 점은 $(2, 1)$이므로 접선의 방정식은 $y = 2(x - 2) + 1$, 즉 $y = 2x - 3$이다.

(2) $\dfrac{dy}{dx} = \dfrac{y'}{x'} = \dfrac{\sin t}{\cos t}$이고 $t = \dfrac{\pi}{3}$을 대입하면 접선의 기울기는 $\sqrt{3}$이다. 점 $\left(\dfrac{\sqrt{3}}{2}, -\dfrac{1}{2}\right)$을 지나므로 접선의 방정식은

$$y = \sqrt{3}\left(x - \frac{\sqrt{3}}{2}\right) - \frac{1}{2}$$

곧, $y = \sqrt{3}x - 2$이다.

예제 3.2.11 다음 매개변수로 표시된 함수의 도함수를 구하여라.

(1) $x = 2t - 1,\ \ y = 3t$ (2) $x = t^2 - 2t,\ \ y = t^3 - 2t^2$

(3) $x = \sqrt{t},\ \ y = t^2 + 2t$ (4) $x = \sqrt{t+2},\ \ y = \dfrac{1}{t}$

풀이 (1) $\dfrac{dx}{dt}=2$, $\dfrac{dy}{dt}=3$이므로 $\dfrac{dy}{dx}=\dfrac{\dfrac{dy}{dt}}{\dfrac{dx}{dt}}=\dfrac{3}{2}$

(2) $\dfrac{dx}{dt}=2t-2$, $\dfrac{dy}{dt}=3t^2-4t$이므로 $\dfrac{dy}{dx}=\dfrac{\dfrac{dy}{dt}}{\dfrac{dx}{dt}}=\dfrac{3t^2-4t}{2t-2}$

(3) $\dfrac{dx}{dt}=\dfrac{1}{2\sqrt{t}}$, $\dfrac{dy}{dt}=2t+2$이므로

$$\frac{dy}{dx}=\frac{\dfrac{dy}{dt}}{\dfrac{dx}{dt}}=\frac{2t+2}{\dfrac{1}{2\sqrt{t}}}=4(t+1)\sqrt{t}$$

(4) $\dfrac{dx}{dt}=\dfrac{1}{2\sqrt{t+2}}$, $\dfrac{dy}{dt}=-\dfrac{1}{t^2}$이므로

$$\frac{dy}{dx}=\frac{\dfrac{dy}{dt}}{\dfrac{dx}{dt}}=\frac{-\dfrac{1}{t^2}}{\dfrac{1}{2\sqrt{t+2}}}=-\frac{2\sqrt{t+2}}{t^2}$$

3.2 연 습 문 제

1 다음에서 $\dfrac{dy}{dx}$를 구하여라.

(1) $y = x^3 + 5x^2 - x + 9$

(2) $y = (x^2 - 3x)(x^2 + x)$

(3) $y = \dfrac{x^2+1}{x^2-5x}$

(4) $y = \dfrac{1}{x^6}$

(5) $y = (x^5 - x^4)^3$

(6) $y = (x^3 - 2x - 1)\left(\dfrac{1}{x^2}\right)$

(7) $y = x^5(x^2+1)$

(8) $y = x^7 - x^5 + x^3$

(9) $y = (x^2 - x + 1)^5$

(10) $y = \dfrac{x^2+1}{x-1}$

(11) $\begin{cases} y = u^3 + u - 1, \\ u = x^2 \end{cases}$

(12) $\begin{cases} y = u^2 + 3u - 3, \\ u = 3x^2 + x \end{cases}$

(13) $\begin{cases} y = u^3 + u \\ u = \sqrt{x} \end{cases}$

(14) $\begin{cases} y = u^4 + u^{2,} \\ u = \sqrt[3]{x^2} \end{cases}$

2 다음 매개변수 방정식의 도함수를 구하여라.

(1) $\begin{cases} x = 2t \\ y = 3t + 2 \end{cases}$

(2) $\begin{cases} x = t^2 \\ y = t^4 + 2t \end{cases}$

(3) $\begin{cases} x = 4t - 2 \\ y = 2 - 3t \end{cases}$

(4) $\begin{cases} x = t^2 + 1 \\ y = \dfrac{1}{t} \end{cases}$

(5) $\begin{cases} x = \sqrt[3]{t^2} \\ y = t^2 \end{cases}$

(6) $\begin{cases} x = \sqrt{t-1} \\ y = \dfrac{1}{t^3} \end{cases}$

(7) $\begin{cases} x = \sqrt[3]{t^5} \\ y = t^2 - t \end{cases}$

(8) $\begin{cases} x = \sqrt{t^2 - t} \\ y = \dfrac{2}{t^5} \end{cases}$

(9) $\begin{cases} x = \dfrac{1-t^2}{1+t^2} \\ y = \dfrac{3t}{1+t^2} \end{cases}$

(10) $\begin{cases} x = t^2 - t \\ y = \sqrt{t} + 1 \end{cases}$

3 다음 음함수의 도함수를 구하여라.

(1) $2x+3y=5$

(2) $x^2+y^2=4$

(3) $x^2-xy+y^2=1$

(4) $x^3=3xy$

(5) $x^3+x^2y^2=y$

(6) $\frac{1}{3}x^3-\frac{1}{3}y^3=xy$

(7) $x^2+3x+2y+4y^2=0$

(8) $5x^5+x^3-9xy-3y^2=1$

(9) $x=\frac{1}{\sqrt{y^2+1}}$

(10) $x=y^2+y$

(11) $y^2=2x$

(12) $xy+y^2=0$

4 $x^2y+y^2x=12$ 위의 점 $(3, 1)$에서 접선의 방정식을 구하여라.

5 함수 $f(x)=(\sqrt{x}+1)^2$에서 $\lim_{x\to 0}\frac{f(1+x)-f(1-x)}{x}$를 구하여라.

6 다음 매개변수 방정식의 그래프를 그려라.

(1) $\begin{cases} x=t+1 \\ y=2-2t \end{cases}$

(2) $\begin{cases} x=t \\ y=e^t+1 \end{cases}$

(3) $\begin{cases} x=2\sin t \\ y=2\cos t \end{cases}$

(4) $\begin{cases} x=\frac{1}{t},\ t>0 \\ y=t^2 \end{cases}$

3.3 초월함수의 도함수

이 절에서는 1장에서 다룬 삼각함수, 지수함수와 로그함수, 역삼각함수에 등에 대한 도함수를 구해본다.

삼각함수의 도함수

(1) $\dfrac{d}{dx}\sin x = \cos x$ (2) $\dfrac{d}{dx}\cos x = -\sin x$

(3) $\dfrac{d}{dx}\tan x = \sec^2 x$ (4) $\dfrac{d}{dx}\cot x = -\csc^2 x$

(5) $\dfrac{d}{dx}\sec x = \sec x \tan x$ (6) $\dfrac{d}{dx}\csc x = -\csc x \cot x$

예제 3.3.1 다음 함수의 도함수를 구하여라.

(1) $f(x) = 2\sin x + 3\cos x$ (2) $f(x) = \cos 3x$

(3) $f(x) = \sec x + \csc x$ (4) $f(x) = \cos\dfrac{x}{2}$

(5) $f(x) = \sin 2x$ (6) $f(x) = \sec\dfrac{x}{2}$

(7) $f(x) = \cot 5x + \tan^2 x$ (8) $f(x) = \sec 2x + \csc x$

풀이 (1) $f'(x) = 2\cos x - 3\sin x$ (2) $f'(x) = -3\sin 3x$

(3) $f'(x) = \sec x \tan x - \csc x \cot x$ (4) $f'(x) = -\dfrac{1}{2}\sin\left(\dfrac{x}{2}\right)$

(5) $f'(x) = 2\cos 2x$ (6) $f'(x) = \dfrac{1}{2}\sec\dfrac{x}{2}\tan\dfrac{x}{2}$

(7) $f'(x) = -5\csc^2 5x + 2\tan x \sec^2 x$

(8) $f'(x) = 2\sec 2x \tan 2x - \csc x \cot x$

로그함수, 지수함수의 도함수

(1) $\dfrac{d}{dx}\ln|x| = \dfrac{1}{x}$ (2) $\dfrac{d}{dx}\ln|f(x)| = \dfrac{f'(x)}{f(x)}$

(3) $\dfrac{d}{dx}e^x = e^x$ (4) $\dfrac{d}{dx}a^x = (e^{x\ln a})' = a^x\ln a \ (a>0,\ a\neq 1)$

예제 3.3.2 다음 함수의 도함수를 구하여라.

(1) $f(x) = e^x\ln|x|$ (2) $f(x) = \ln|2x|$

(3) $f(x) = e^{3x}$ (4) $f(x) = 3^x$

(5) $f(x) = e^x\cos x$ (6) $f(x) = \ln|5x-3|$

(7) $f(x) = \ln|x^2+3x|$ (8) $f(x) = 5^x$

풀이 (1) $f'(x) = e^x\ln|x| + \dfrac{e^x}{x}$ (2) $f'(x) = \dfrac{2}{2x} = \dfrac{1}{x}$

(3) $f'(x) = 3e^{3x}$ (4) $f'(x) = 3^x\ln 3$

(5) $f'(x) = e^x\cos x - e^x\sin x$ (6) $f'(x) = \dfrac{5}{5x-3}$

(7) $f'(x) = \dfrac{2x+3}{x^2+3x}$ (8) $f'(x) = 5^x\ln 5$

역삼각함수의 도함수

(1) $(\sin^{-1}x)' = \dfrac{1}{\sqrt{1-x^2}}$ (2) $(\cos^{-1}x)' = -\dfrac{1}{\sqrt{1-x^2}}$

(3) $(\tan^{-1}x)' = \dfrac{1}{1+x^2}$ (4) $(\cot^{-1}x)' = -\dfrac{1}{1+x^2}$

(5) $(\sec^{-1}x)' = \dfrac{1}{x\sqrt{x^2-1}}$ (6) $(\csc^{-1}x)' = -\dfrac{1}{x\sqrt{x^2-1}}$

증명 (1) $y = \sin^{-1}x$라 하자. 따라서 $x = \sin y$이고

$$\frac{dy}{dx} = \frac{1}{\frac{dx}{dy}} = \frac{1}{\cos y}$$

이다. 한편, 역삼각함수의 정의로부터 $-\frac{\pi}{2} < y < \frac{\pi}{2}$ 이므로 $\cos y > 0$ 임을 알 수 있다. $\cos y = \sqrt{1-\sin^2 y} = \sqrt{1-x^2}$ 이므로

$$\frac{dy}{dx} = \frac{1}{\cos y} = \frac{1}{\sqrt{1-x^2}}$$

(2) $y = \cos^{-1} x$라 하자. 따라서 $x = \cos y$이고

$$\frac{dy}{dx} = \frac{1}{\frac{dx}{dy}} = \frac{1}{-\sin y}$$

이다. 한편, 역삼각함수의 정의로부터 $0 < y < \pi$이므로 $\sin y > 0$임을 알 수 있다. $\sin y = \sqrt{1-\cos^2 y} = \sqrt{1-x^2}$ 이므로

$$\frac{dy}{dx} = -\frac{1}{\sin y} = -\frac{1}{\sqrt{1-x^2}}$$

같은 방법으로 (3), (4), (5), (6)도 증명할 수 있다.

예제 3.3.3 다음 함수의 도함수를 구하여라.

(1) $f(x) = \sin^{-1} 2x$　　(2) $f(x) = \cos^{-1} \frac{x}{2}$

(3) $f(x) = \tan^{-1} 3x$　　(4) $f(x) = x \sin^{-1} x$

풀이 (1) $(\sin^{-1} 2x)' = \frac{1}{\sqrt{1-(2x)^2}} \cdot 2 = \frac{2}{\sqrt{1-4x^2}}$

(2) $\left(\cos^{-1} \frac{x}{2}\right)' = -\frac{1}{\sqrt{1-\left(\frac{x}{2}\right)^2}} \cdot \frac{1}{2} = -\frac{1}{\sqrt{4-x^2}}$

(3) $(\tan^{-1} 3x)' = \frac{1}{1+(3x)^2} \cdot 3 = \frac{3}{1+9x^2}$

(4) $(x \sin^{-1} x)' = \sin^{-1} x + x \cdot \frac{1}{\sqrt{1-x^2}} = \sin^{-1} x + \frac{x}{\sqrt{1-x^2}}$

예제 3.3.4 $f(x) = \sin^{-1}(x^2 - 1)$일 때

(1) f의 정의역을 구하여라.

(2) $f'(x)$를 구하여라.

풀이 (1) $f(x)=\sin^{-1}(x^2-1)$의 정의역은

$$\{x \mid -1 \le x^2-1 \le 1\} = \{x \mid 0 \le x^2 \le 2\}$$
$$= \{x \mid |x| \le \sqrt{2}\} = [-\sqrt{2}, \sqrt{2}]$$

(2) $\sin^{-1}x$의 도함수와 연쇄법칙를 이용하면

$$f'(x) = \frac{1}{\sqrt{1-(x^2-1)^2}} \cdot \frac{d}{dx}(x^2-1) = \frac{2x}{\sqrt{2x^2-x^4}}$$
$$= \frac{2}{\sqrt{2-x^2}}$$

3.3 연습문제

1 다음 삼각함수에 대하여 $\frac{dy}{dx}$를 구하여라.

(1) $y = \sin 2x + \cos 3x$

(2) $y = \cos(2x+1)$

(3) $y = \tan(3x-1)$

(4) $y = \cot\left(\frac{1}{2}x\right)$

(5) $y = \sec(x^2)$

(6) $y = \csc(5x^2 - 3x)$

(7) $y = \sin 2x + 3\sec(x^3)$

(8) $y = \cos(x^2) + \tan 4x$

(9) $y = (\sin x)^2 + \cos^3(2x)$

(10) $y = \cos^3(x) + \cot 3x$

2 다음 지수·로그함수의 도함수를 구하여라.

(1) $y = e^{2x}$

(2) $y = e^x \ln 3x$

(3) $y = e^{x+x^2}$

(4) $y = e^{2x} + e^{5x}$

(5) $y = \ln 2x$

(6) $y = \ln 4x$

(7) $y = (\ln x)^3$

(8) $y = \ln(x^3 + 2x)$

(9) $y = e^x \ln x$

(10) $y = e^{2x} \ln x^3$

3 다음 역삼각함수의 도함수를 구하여라.

(1) $y = \sin^{-1}x + \tan^{-1}x$

(2) $y = \tan^{-1}x + \cos^{-1}x$

(3) $y = \sec^{-1}x + \sin^{-1}x^2$

(4) $y = x^2 \sin^{-1}2x$

(5) $y = \cos^{-1}3x$

(6) $y = \tan^{-1}(-5x)$

(7) $y = \sec^{-1}(-4x)$

(8) $y = \sin^{-1}2x \cdot \cos^{-1}3x$

(9) $y = \tan^{-1}(3x)$

(10) $y = \sec^{-1}x \cdot \cos^{-1}3x$

4 다음 함수의 도함수를 구하여라.

(1) $f(x) = (\sin^{-1}x)^2$

(2) $f(x) = x^2 \cos^{-1}x$

(3) $f(x) = (x^2 + x)\tan^{-1}x$

(4) $f(x) = e^x \sin^{-1}x$

(5) $f(x)=2^x-\ln(2x)$

(6) $f(x)=e^x+e^{-x}$

(7) $f(x)=3^x+5\ln x$

(8) $f(x)=e^{x^2+5x}$

(9) $f(x)=\ln(\ln 2x)$

(10) $f(x)=e^{x^2}\sin x$

(11) $f(x)=3^x\cos x$

(12) $f(x)=e^{-x}\ln x$

(13) $\begin{cases} x=\cos t \\ y=\sin t \end{cases}$

(14) $\begin{cases} x=3\sin t^2 \\ y=\tan t \end{cases}$

(15) $\begin{cases} x=\ln t \\ y=3t+3 \end{cases}$

(16) $\begin{cases} x=2\ln t \\ y=\ln(t^2+t) \end{cases}$

5 $y=e^x$ 위의 점 $(1,\ e)$에서의 접선의 방정식을 구하여라.

6 다음 곡선의 주어진 t에서의 접선의 방정식을 구하여라.

(1) $x=t,\ y=t^2\ (t=2)$

(2) $x=\ln t,\ y=t\ (t=e)$

(3) $x=e^{-t},\ y=e^t\ (t=1)$

(4) $x=\sin t\ \ y=\cos t\left(t=\dfrac{\pi}{4}\right)$

7 다음 함수에서 $\dfrac{dy}{dx}$를 구하여라.

(1) $y=(x^4+2x^2)^n$

(2) $y=\sqrt{x^2+2x}$

(3) $\begin{cases} x=\sin t \\ y=2\cos t \end{cases}$

(4) $\begin{cases} x=e^{-t} \\ y=e^t \end{cases}$

(5) $y=\sqrt{\dfrac{1-\sqrt{x}}{1+\sqrt{x}}}$

(6) $\begin{cases} x=\dfrac{t^2-1}{t^2+1} \\ y=\dfrac{5t}{t^2+1} \end{cases}$

(7) $y=\dfrac{1}{\sqrt{x^2+1}}$

(8) $y=\sec^{-1}\sqrt{1+x^2}$

(9) $y=\tan^{-1}(\cot x)$

(10) $y=5^{3x}$

(11) $y=x^{\sin x}$

(12) $2x=\sec^2 y$

(13) $y\ln y+\sin x=0$

(14) $y=x^{9x}$

(15) $y=(\sin^{-1}3x)^2$

(16) $y=\ln\dfrac{1+\tan ax}{1-\tan ax}$

(17) $\ln y+x^2=0$

(18) $y=e^{\cos x}$

(19) $\begin{cases} x = a(t - \sin t) \\ y = a(1 - \cos t) \end{cases}$ (단, $a > 0$, $0 < t < 2\pi$)

8 다음 함수의 제n차 도함수를 구하여라.

(1) $y = \sin x$

(2) $y = \ln x \quad (x > 0)$

(3) $y = a^x$

(4) $y = e^{kx}$

제 4 장
도함수의 응용

이 장에서는 미분의 응용으로서 평균값 정리, 로피탈의 법칙, 함수의 극값 등을 살펴본다. 평균값 정리는 미적분학의 근간이 되는 중요한 정리이며, 미분학의 기본 정리를 증명하는 데 쓰일 뿐 아니라 물리학, 공학 전반에 걸쳐 여러 가지 이론을 유도하는 데 사용되고 있다. 로피탈의 법칙은 1696년 로피탈이 발견하였으며 부정형의 극한을 미분을 사용하여 구할 수 있게 하였다. 마지막으로 함수의 극댓값 또는 극솟값, 변곡점 등을 이용하여 함수의 그래프를 분석한다.

4.1 평균값 정리

평균값 정리는 미적분학의 근간이 되는 매우 중요한 정리이다. 미분학의 기본 정리를 증명하는 데 쓰이며, 극값의 취급에도 응용된다. 이후에 소개하는 테일러의 정리는 평균값 정리를 일반화한 것이라 할 수 있다. 평균값 정리를 유도하기 위해 먼저 미분가능한 함수 $y=f(x)$를 기하학적으로 살펴보기로 하자. 함수가 주어진 구간 I에서 정의되고 미분가능하다면 함수는 I에서 부드러운 곡선으로 연결됨을 알 수 있다. I의 두 점 x_1, x_2 $(x_1<x_2)$에 대하여 $f(x_1)<f(x_2)$이면, $f(x)$는 구간 I에서 증가한다(increase)고 하고, $f(x_1)>f(x_2)$이면, $f(x)$는 구간 I에서 감소한다(decrease)고 한다.

정의 4.1.1

a에 충분히 가까운 점 x에 대하여 함수 $f(x)$가

(1) 증가상태에서 감소상태로 바뀌면 $f(x)$는 $x=a$에서 극댓값(maximal value) $f(a)$을 갖는다.

(2) 감소상태에서 증가상태로 바뀌면 $f(x)$는 $x=a$에서 극솟값(minimal value) $f(a)$을 갖는다.

극댓값과 극솟값을 통틀어 극값이라고 한다.

정리 4.1.1

미분가능한 함수 $f(x)$가 $x=c$에서 극값을 가지면 $f'(c)=0$이다.

만약 주어진 구간의 시작점과 끝점에서 함수의 값이 같다면 그 함수는 구간 내의 적어도 한 점에서 반드시 극값을 가지게 된다. 이 이론은 프랑스 수학자 롤(Michel Rolle, 1662~1719)이 처음 주장하였다.

정리 4.1.2 롤의 정리

함수 $f(x)$가 닫힌구간 $[a,b]$에서 연속이고, 열린구간 (a,b)에서 미분가능할 때, $f(a)=f(b)$이면

$$f'(c) = 0$$

를 만족하는 $c \in (a,b)$가 적어도 하나 존재한다.

증명 $f(x)$가 상수함수이면 자명하다. $f(x)$가 상수가 아니면 $f(a) = f(b)$이므로 $f(x)$는 적어도 하나의 극값을 갖는다. 그러므로 위의 정리 4.1로부터 정리가 성립된다.

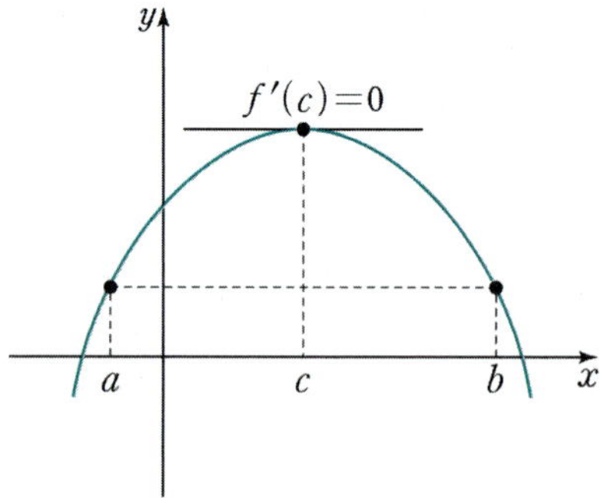

그림 4.1

예제 4.1.1 다음 함수의 주어진 구간에서 롤의 정리를 만족시키는 c를 모두 구하여라.

(1) $f(x) = x^3 - x + 3,\ [-1,\ 1]$

(2) $f(x) = x^2 - 4x + 5,\ [0,\ 4]$

(3) $f(x) = x^4 - 2x^2 + 4,\ [-1,\ 1]$

(4) $f(x) = x^2 - 4,\ [-2,\ 2]$

풀이 (1) $f(-1) = f(1) = 3$이므로 롤의 정리의 가정을 만족시킨다.

$$f'(x) = 3x^2 - 1 = 0 \Rightarrow f'(c) = 3c^2 - 1 = 0 \Rightarrow c = \pm\frac{1}{\sqrt{3}}$$

(2) $f(0) = f(4) = 5$이므로 롤의 정리의 가정을 만족시킨다.

$$f'(x) = 2x - 4 \ \Rightarrow\ f'(c) = 2c - 4 = 0 \ \Rightarrow\ c = 2$$

(3) $f(-1) = f(1) = 3$이므로 롤의 정리의 가정을 만족시킨다.

$$f'(x) = 4x^3 - 4x = 4x(x-1)$$

따라서 $f'(c) = 4c(c-1) = 0 \ \Rightarrow\ c = 0,\ 1$

(4) $f(-2)=f(2)=0$이므로 롤의 정리의 가정을 만족시킨다.

$$f'(x)=2x \Rightarrow f'(c)=2c=0 \Rightarrow c=0$$

다음은 평균값 정리에 대하여 알아보자. 평균값 정리는 롤의 정리로부터 유도되며, 미분가능한 함수가 적어도 한 점에서 '순간변화율(미분)'이 '평균변화율'과 같다는 내용의 정리이다. 기하학적으로는 두 끝점을 잇는 선과 기울기가 같은 접선이 두 끝점 사이에 존재한다는 의미이다.

정리 4.1.3 평균값 정리

함수 $f(x)$가 닫힌구간 $[a, b]$에서 연속이고, 열린구간 (a, b)에서 미분가능하면,

$$\frac{f(b)-f(a)}{b-a}=f'(c)$$

를 만족하는 $c\in(a, b)$가 적어도 하나 존재한다.

증명 함수 $g(x)$를 다음과 같이 정의하자.

$$g(x)=f(x)-f(a)-\frac{f(b)-f(a)}{b-a}(x-a), \quad x\in[a,b]$$

g는 $[a, b]$에서 연속이고 (a, b)에서 미분가능하다. 또한, $g(a)=g(b)=0$이므로 롤의 정리에 의하여 $g'(c)=0$인 c가 적어도 하나 존재한다. 즉,

$$g'(c)=f'(c)-\frac{f(b)-f(a)}{b-a}=0.$$

따라서

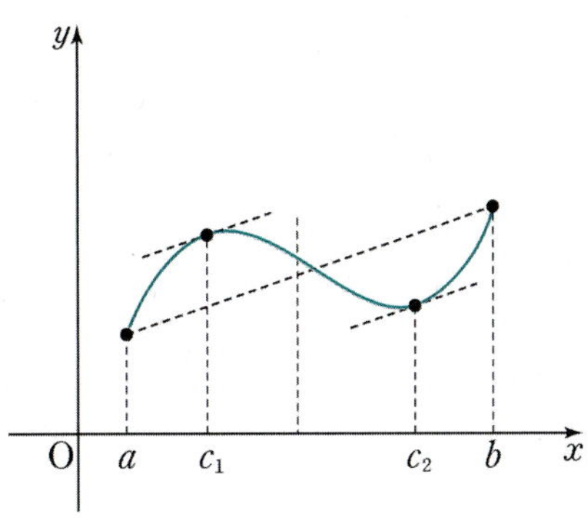

그림 4.2

$$\frac{f(b)-f(a)}{b-a}=f'(c)$$

이다.

예제 4.1.2 다음 함수가 주어진 구간에서 평균값 정리를 만족하는 점을 구하여라.

(1) $f(x)=x^2-6x+5,\ [1,\ 4]$ (2) $f(x)=\sqrt{x+4},\ [0,\ 5]$

(3) $f(x)=\sqrt{x},\ [0,\ 4]$ (4) $f(x)=2\cos x,\ [0,\ 2\pi]$

풀이 (1) $f(x)=x^2-6x+5$는 구간 $[1,\ 4]$에서 연속이고 $(1,\ 4)$에서 미분가능하다.

$f'(x)=2x-6$이고 $\dfrac{f(4)-f(1)}{4-1}=-1$이므로 $2c-6=-1$

$\therefore\ c=\dfrac{5}{2}$

(2) $f(x)=\sqrt{x+4}$는 구간 $[0,\ 5]$에서 연속이고 $(0,\ 5)$에서 미분가능하다.

$f'(x)=\dfrac{1}{2\sqrt{x+4}}$이고 $\dfrac{f(5)-f(0)}{5-0}=\dfrac{1}{5}$이므로 $\dfrac{1}{2\sqrt{c+4}}=\dfrac{1}{5}$

$\therefore\ c=\dfrac{9}{4}$

(3) $f(x)=\sqrt{x}$는 구간 $[0,\ 4]$에서 연속이고 $(0,\ 4)$에서 미분가능하다.

$f'(x)=\dfrac{1}{2\sqrt{x}}$이고 $\dfrac{f(4)-f(0)}{4-0}=\dfrac{1}{2}$이므로 $\dfrac{1}{2\sqrt{c}}=\dfrac{1}{2}$

$\therefore\ c=1$

(4) $f(x)=2\cos x$는 구간 $[0,\ 2\pi]$에서 연속이고 $(0,\ 2\pi)$에서 미분가능하다.

$f'(x)=-2\sin x$이고 $\dfrac{f(2\pi)-f(0)}{2\pi-0}=0$이므로 $-2\sin c=0$

$\therefore\ c=\pi$

4.1 연 | 습 | 문 | 제

1 다음 함수의 주어진 구간에서 롤의 정리를 만족시키는 c를 모두 구하여라.

(1) $f(x) = x^2 - 2x + 1$, $[0, 2]$　　(2) $f(x) = 3x^3 - 27x$　$[-3, 3]$

(3) $f(x) = x^4 - x^2$, $[-2, 2]$　　(4) $f(x) = \sin x$, $[0, 2\pi]$

2 다음 함수의 주어진 구간에서 평균값 정리를 만족시키는 c를 구하여라.

(1) $f(x) = x^2 - x + 3$, $[0, 2]$　　(2) $f(x) = \sqrt{x+2}$, $[2, 7]$

(3) $f(x) = x^2 - 5x + 6$, $[0, 2]$　　(4) $f(x) = \ln x$, $[1, 4]$

(5) $f(x) = e^x$, $[0, 3]$　　(6) $f(x) = x^3 - 3x^2$, $[0, 2]$

3 평균값 정리를 이용하여 모든 실수 x, y에 대하여 다음 부등식이 성립함을 보여라.

$$|\sin x - \sin y| \le |x - y|$$

4 평균값 정리를 이용하여, $x > 0$일 때, 다음 부등식을 증명하여라.

$$\frac{1}{x+1} < \ln\frac{(x+1)}{x} < \frac{1}{x}$$

5 방정식 $x^5 + x^3 - 4x - 1 = 0$은 $(1, 2)$에서 단 1개의 실근을 가짐을 보여라.

4.2 로피탈의 법칙

함수의 극한값이 $\frac{0}{0}$, $\frac{\infty}{\infty}$, $0\times\infty$, $\infty-\infty$, 0^{∞}, ∞^{0}, 0^{0}, 1^{∞} 등으로 나타나는 극한의 형태를 부정형이라고 한다. 부정형의 극한 중에서 $\frac{0}{0}$과 $\frac{\infty}{\infty}$의 형태는 미분을 사용하여 구할 수 있다. 이러한 방법은 1696년 로피탈(L'Hôpital)이 발견하였으므로 그의 이름을 따서 로피탈의 법칙이라 부른다.

$\frac{0}{0}$ 부정형에 대한 로피탈의 법칙

f와 g가 (a, b)에서 미분가능하고, $c\in(a, b)$에 대하여 $f(c)=g(c)=0$이며, $g'(x)\neq 0$ $(x\neq c)$이고 $\lim_{x\to a}\frac{f'(x)}{g'(x)}$가 존재하면 다음 식이 성립한다.

$$\lim_{x\to c}\frac{f(x)}{g(x)}=\lim_{x\to c}\frac{f'(x)}{g'(x)}$$

예제 4.2.1 $\lim_{x\to 4}\frac{x^2-16}{x-4}$을 구하여라.

풀이 주어진 극한은 $\frac{0}{0}$형의 부정형이므로 로피탈의 법칙을 사용하면

$$\lim_{x\to 4}\frac{x^2-16}{x-4}=\lim_{x\to 4}\frac{2x}{1}=8$$

예제 4.2.2 $\lim_{x\to 0}\frac{\tan x}{2x}$를 구하여라.

풀이 이것은 $\frac{0}{0}$형의 부정형이므로 로피탈의 법칙을 사용하면

$$\lim_{x\to 0}\frac{\tan x}{2x}=\lim_{x\to 0}\frac{\sec^2 x}{2}=\frac{1}{2}$$

예제 4.2.3 $\lim_{x\to 0}\frac{1-\cos x}{x^3+x^2}$를 구하여라.

풀이 주어진 극한은 $\frac{0}{0}$형의 부정형이므로 로피탈의 법칙을 두 번 사용하면

$$\lim_{x\to 0}\frac{1-\cos x}{x^3+x^2}=\lim_{x\to 0}\frac{\sin x}{3x^2+2x}=\lim_{x\to 0}\frac{\cos x}{6x+2}=\frac{1}{2}$$

예제 4.2.4 $\lim_{x\to 0}\frac{\tan x-x}{x-\sin x}$를 구하여라.

풀이 주어진 극한은 $\frac{0}{0}$형의 부정형이므로 로피탈의 법칙을 사용하면

$$\lim_{x\to 0}\frac{\tan x-x}{x-\sin x}=\lim_{x\to 0}\frac{\sec^2 x-1}{1-\cos x}=\lim_{x\to 0}\frac{2\sec^2 x\cdot\tan x}{\sin x}$$
$$=\lim_{x\to 0}\cdot 2\sec^2 x=2$$

$\frac{\infty}{\infty}$ 부정형에 대한 로피탈의 법칙

f와 g가 $(a,\ b)$에서 미분가능하고, $c\in(a,\ b)$에 대하여 $\lim_{x\to c}f(x)=\pm\infty$, $\lim_{x\to c}g(x)=\pm\infty$이고, $\lim_{x\to c}\frac{f'(x)}{g'(x)}$가 존재하면 다음 식이 성립한다.

$$\lim_{x\to c}\frac{f(x)}{g(x)}=\lim_{x\to c}\frac{f'(x)}{g'(x)}$$

이때, $c=\pm\infty$일 때도 성립한다.

예제 4.2.5 $\lim_{x\to\infty}\frac{x+4}{5x-3}$를 구하여라.

풀이 이것은 $\frac{\infty}{\infty}$형의 부정형이므로 로피탈의 법칙에 의하면

$$\lim_{x\to\infty}\frac{x+4}{5x-3}=\lim_{x\to\infty}\frac{1}{5}=\frac{1}{5}$$

예제 4.2.6 $\lim_{x\to\infty}\frac{3x^2-1}{4x^2+5x}$를 구하여라.

풀이 이 극한도 $\frac{\infty}{\infty}$형의 부정형이므로 로피탈의 법칙을 두 번 적용하면

$$\lim_{x\to\infty}\frac{3x^2-1}{4x^2+5x}=\lim_{x\to\infty}\frac{6x}{8x+5}=\lim_{x\to\infty}\frac{6}{8}=\frac{3}{4}$$

예제 4.2.7 $\lim_{x\to\infty}\frac{x^2}{e^x}$을 구하여라.

풀이 이 극한은 $\frac{\infty}{\infty}$형의 부정형이므로 로피탈의 법칙을 두 번 적용하면

$$\lim_{x\to\infty}\frac{x^2}{e^x}=\lim_{x\to\infty}\frac{2x}{e^x}=\lim_{x\to\infty}\frac{2}{e^x}=0$$

이다.

다음은 0^0이나 $0\times\infty$ 형태의 부정형에 대하여 살펴보자. 이런 형태의 부정형은 자연로그를 이용하여 극한값을 구할 수 있다.

예제 4.2.8 $\lim_{x\to 0^+}(\sin x)^x$를 구하여라.

풀이 주어진 극한은 0^0형의 부정형이다. 이것을 $y=\lim_{x\to 0^+}(\sin x)^x$라 두고 양변에 자연로그를 취한다. 즉,

$$\ln y=\lim_{x\to 0^+}x\ln\sin x=\lim_{x\to 0^+}\frac{\ln\sin x}{\frac{1}{x}}$$

로 변형할 수 있다.

이 변형된 식에 로피탈의 법칙을 두 번 적용하면

$$\lim_{x\to 0^+}\frac{\ln\sin x}{\frac{1}{x}}=\lim_{x\to 0^+}\frac{\frac{\cos x}{\sin x}}{-\frac{1}{x^2}}=\lim_{x\to 0^+}\frac{-x^2\cos x}{\sin x}$$

$$=\lim_{x\to 0^+}\frac{-2x\cos x+x^2\sin x}{\cos x}=0$$

따라서 $\ln y = 0$이므로 $y = e^0 = 1$, 즉, $\lim_{x\to 0^+}(\sin x)^x = 1$이다.

예제 4.2.9 $\lim_{x\to 0^+} x\ln\frac{1}{x}$을 구하여라.

풀이 주어진 극한은 $0\times\infty$형의 부정형이다. 이것을

$$\lim_{x\to 0^+} x\ln\frac{1}{x} = \lim_{x\to 0^+}\frac{\ln\frac{1}{x}}{\frac{1}{x}}$$

로 식을 변형하면 $\frac{\infty}{\infty}$형의 부정형이 되므로 로피탈의 법칙을 적용할 수 있다.

즉, $\lim_{x\to 0^+}\frac{\ln\frac{1}{x}}{\frac{1}{x}} = \frac{x\cdot\left(-\frac{1}{x^2}\right)}{-\frac{1}{x^2}} = \lim_{x\to 0^+} x = 0$이다.

예제 4.2.10 $\lim_{x\to\frac{\pi}{2}} \tan x - \frac{1}{\cos x}$를 구하여라.

풀이 이 경우의 극한은 $\infty - \infty$형의 부정형이다. 따라서 로피탈의 법칙을 적용하면

$$\lim_{x\to\frac{\pi}{2}} \tan x - \frac{1}{\cos x} = \lim_{x\to\frac{\pi}{2}}\frac{\sin x - 1}{\cos x}$$
$$= \lim_{x\to\frac{\pi}{2}}\frac{+\cos x}{-\sin x} = 0$$

이다.

4.2 연 | 습 | 문 | 제

1 다음 극한을 구하여라.

(1) $\lim_{x\to\infty}\frac{x^2-x+3}{3x^2-2x+1}$

(2) $\lim_{x\to1}\frac{x^2-1}{x-1}$

(3) $\lim_{x\to0}\frac{e^x-1}{\sin x}$

(4) $\lim_{x\to\infty}\frac{\ln(\ln x)}{\ln x}$

(5) $\lim_{x\to0}\frac{e^{-x}}{\ln x}$

(6) $\lim_{x\to\infty}\frac{\ln x}{x}$

(7) $\lim_{x\to0+}x\ln x$

(8) $\lim_{x\to0}\frac{x^3}{x-\sin x}$

(9) $\lim_{x\to0}\frac{\tan x}{x}$

(10) $\lim_{x\to\infty}\frac{x}{\sqrt{x+2}}$

2 $\lim_{x\to0^+}(\cos x)^{\frac{1}{x}}$을 구하여라.

3 $\lim_{x\to0^+}\frac{1}{x}-\frac{1}{\sin x}$을 구하여라.

4 $\lim_{x\to0^+}x^x$을 구하여라.

5 $\lim_{x\to0^+}\left(1+\frac{1}{x}\right)^x$을 구하여라.

6 $\lim_{x\to0^+}(1-\sin x)^{\frac{1}{x}}$을 구하여라.

4.3 함수의 증가와 감소

함수의 개형을 그릴 때 함수가 증가하는 구간과 감소하는 구간을 식별하는 것은 매우 중요하다. 그림 4.3에서 보는 바와 같이 증가하는 구간과 감소하는 구간이 따로 있다. 함수 $f(x)$는 (a, b)와 (c, d)에서 감소하고 (b, c)와 (d, e)에서 증가한다.

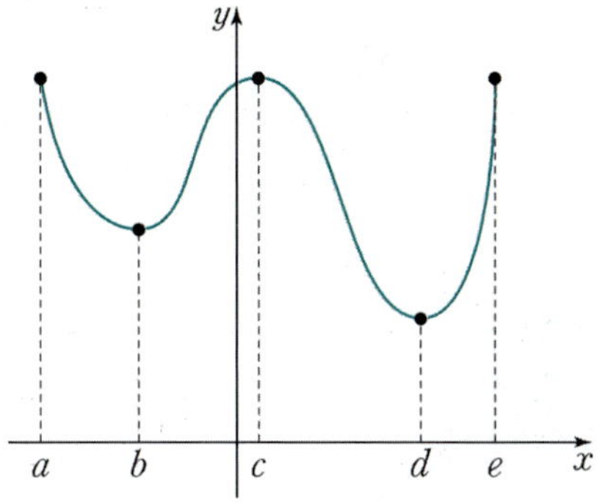

그림 4.3

정리 4.3.1

함수 $f(x)$가 $[a, b]$에서 연속이고, (a, b)에서 미분가능하면,
임의의 점 $x \in (a, b)$에 대하여

(1) $f'(x) > 0$이면, $f(x)$는 (a, b)에서 증가하고,

(2) $f'(x) < 0$이면, $f(x)$는 (a, b)에서 감소한다.

증명 (1) 임의의 두 점 $x_1, x_2 \in (a, b)$에 대하여 평균값 정리로부터 다음이 성립한다.

$$\frac{f(x_2) - f(x_1)}{x_2 - x_1} = f'(c) \quad (x_1 < c < x_2)$$

가정에 의하여 $f'(c) > 0$이다.

$x_1 < x_2$일 때 $f(x_1) < f(x_2)$이므로 $f(x)$는 증가함수이다.

(2) (1)과 같은 방법으로 증명할 수 있다.

정리 4.3.2 제1차 도함수 판정법

함수 $f(x)$가 $x=a$ 근방에서 미분가능하고 $f'(a)=0$일 때, $x=a$에서 $f'(x)$의 부호가

(1) 양에서 음으로 변하면 $f(a)$는 극댓값이고,

(2) 음에서 양으로 변하면 $f(a)$는 극솟값이다.

예제 4.3.1 $f(x)=\frac{1}{3}x^3-\frac{1}{2}x^2-2x+\frac{1}{3}$의 극값을 구하여라.

풀이 $f'(x)=x^2-x-2=(x+1)(x-2)$에서 $x=-1$과 $x=2$에서 극값을 갖는다. 따라서 증감표는 다음과 같다.

x		-1		2	
$f'(x)$	$+$	0	$-$	0	$+$
$f(x)$	↗	극대	↘	극소	↗

함수 f의 극댓값은 $f(-1)=\frac{3}{2}$이고, 극솟값은 $f(2)=-3$이다.

예제 4.3.2 $f(x)=x^3-3x^2+4$의 극값을 구하여라.

풀이 $f'(x)=3x^2-6x=3x(x-2)$에서 $x=0$과 $x=2$에서 극값을 갖는다. 따라서 증감표는 다음과 같다.

x		0		2	
$f'(x)$	$+$	0	$-$	0	$+$
$f(x)$	↗	극대	↘	극소	↗

함수 f의 극댓값은 $f(0)=4$이고, 극솟값은 $f(2)=-0$이다.

정리 4.3.3 제2차 도함수 판정법

함수 $f(x)$가 $x=a$ 근방에서 연속인 $f''(x)$를 가지고, $f'(a)=0$일 때,

(1) $f''(a)<0$이면 $f(a)$는 극댓값이고,

(2) $f''(a)>0$이면 $f(a)$는 극솟값이다.

예제 4.3.3 다음 함수의 극솟값, 극댓값을 구하여라.

(1) $f(x) = x^2 - 2x + 5$　　(2) $f(x) = x^3 - 3x + 3$

(3) $f(x) = \dfrac{1}{3}x^3 - 2x^2 + 3x + \dfrac{5}{3}$　　(4) $f(x) = -x^3 + 6x^2 - 10$

풀이 (1) $f'(x) = 2x - 2 = 2(x-1)$ 이므로

$f'(1) = 0,\ f''(x) = 2,\ f''(1) = 2 > 0$이므로

극솟값은 $f(1) = 4$이고, 극댓값은 존재하지 않는다.

(2) $f'(x) = 3x^2 - 3 = 3(x-1)(x+1)$ 이므로

$f'(-1) = 0,\ f'(1) = 0,\ f''(x) = 6x$

$f''(-1) < 0,\ f''(1) > 0$이므로

극댓값은 $f(-1) = 5$, 극솟값은 $f(1) = 1$이다.

(3) $f'(x) = x^2 - 4x + 3 = (x-1)(x-3)$ 이므로

$f'(1) = 0,\ f'(3) = 0,\ f''(x) = 2x - 4 = 2(x-2)$

$f''(1) < 0,\ f''(3) > 0$이므로

극댓값은 $f(1) = 3$, 극솟값은 $f(3) = \dfrac{5}{3}$이다.

(4) $f'(x) = -3x^2 + 12x = -3x(x-4)$ 이므로

$f'(0) = 0,\ f'(4) = 0,\ f''(x) = -6x + 12 = -6(x-2)$

$f''(0) > 0,\ f''(4) < 0$이므로 극댓값은 $f(4) = 22$,

극솟값은 $f(0) = -10$이다.

정의 4.3.1

$x = a$ 근방에서 연속인 $f''(x)$를 갖는 함수 $f(x)$에 대하여 $f''(a) = 0$이고, x가 a를 통과할 때 $f''(x)$의 부호가 변하면 $(a, f(a))$를 $f(x)$의 변곡점이라 한다.

예제 4.3.4 다음 함수의 변곡점과 극값을 구하여라.

(1) $f(x) = 2x^3 - 9x^2 + 12$　　(2) $f(x) = x^3 + \dfrac{3}{2}x^2 - 6x + 3$

풀이 (1) $f'(x) = 6x^2 - 18x = 6x(x-3)$ 이므로 $f'(0) = 0,\ f'(3) = 0$

$f''(x) = 12x - 18 = 6(2x-3)$에서 $f''\left(\dfrac{3}{2}\right) = 0$이다.

따라서 변곡점은 $\left(\frac{3}{2},\ f\left(\frac{3}{2}\right)\right)=\left(\frac{3}{2},\ \frac{3}{-2}\right)$이다.

또한, $f''(0)<0,\ \ f''(3)>0$이므로 극댓값은 $f(0)=12$,

극솟값은 $f(3)=-15$이다.

(2) $f'(x)=3x^2+3x-6=3(x-1)(x+2)$ 이므로

$$f'(-2)=0,\ f'(1)=0$$

$f''(x)=6x+3=3(2x+1)$에서 $f''\left(-\frac{1}{2}\right)=0$이다.

따라서 변곡점은 $\left(-\frac{1}{2},\ f\left(-\frac{1}{2}\right)\right)=\left(-\frac{1}{2},\ \frac{25}{4}\right)$이다.

또한, $f''(-2)<0,\ f''(1)>0$이므로 극댓값은 $f(-2)=13$,

극솟값은 $f(1)=-\frac{1}{2}$이다.

4.3 연습문제

1 증감표를 이용하여 다음 함수의 극값이 존재하는지 판단하고, 극값이 존재하면 극댓값, 극솟값을 구하여라.

(1) $f(x) = x^2 - 2x + 2$　　(2) $f(x) = -2x^2 + 4x + 5$

(3) $f(x) = 3x^4 - 4x^3 - 12x^2 + 1$　　(4) $f(x) = x\ln x$

(5) $f(x) = x + \sin x \quad (0 < x < 2\pi)$　　(6) $f(x) = \dfrac{x-1}{x^2+3}$

2 2계 도함수 판정법에 의하여 다음 함수의 극댓값, 극솟값을 구하여라.

(1) $f(x) = x - 2x^4$　　(2) $f(x) = 2x^3 - x^6$

(3) $f(x) = \dfrac{1}{3}x^3 - \dfrac{5}{2}x^2 + 6x$　　(4) $f(x) = 6x^4 - 10x^3 - 21x^2 + 12x$

(5) $f(x) = x^3 - 3x^2 - 9x + 3$　　(6) $f(x) = \dfrac{x}{x^2+1}$

3 다음 함수의 극값과 변곡점을 구하여라.

(1) $f(x) = x^4 - 4x^3$

(2) $f(x) = 3x^4 - 8x^2 + 9$

(3) $f(x) = \dfrac{6}{5}x^5 - 3x^4 + 4x^3 - 6x^2 + 6x$

(4) $f(x) = 3x^4 - 8x^3 + 6x^2 + 7$

4 함수 $f(x) = 2x^3 + ax^2 + bx - 3$이 $x = 1$과 $x = -2$에서 극값을 가질 때 a, b를 구하여라.

5 반지름 a인 원에 내접하는 직사각형 중에서 변의 길이의 합이 최대가 되는 직사각형을 구하여라.

6 부피가 $16\pi\,\text{cm}^3$인 원기둥의 겉넓이가 최소일 때, 밑면의 반지름과 높이를 구하여라.

7 원의 반지름이 매초 1.5cm 비율로 일정하게 증가하고 있을 때 반지름이 30cm가 되는 순간의 넓이의 변화율을 구하여라.

8 지상에서 던져 올린 물체가 t초 후에 도달하는 높이가 $y = (29.4t - 4.9t^2)\text{m}$라고 한다. 다음 물음에 답하여라.

(1) 처음 3초간의 평균속도를 구하여라.

(2) $t = 2$일 때의 속도를 구하여라.

(3) $t = 4$일 때의 가속도를 구하여라.

9 증감표를 작성하여 다음 함수의 극값과 변곡점을 구하고 그래프의 개형을 그려라.

(1) $y = 3x(x-1)^2$

(2) $y = \dfrac{3x}{x^2+1}$

(3) $y = 2x^2e^x$

(4) $y = \dfrac{x+2}{x^2-3}$

(5) $y = \dfrac{2}{x^2+1}$

(6) $y = \cos^2 x$ (단, $0 < x < \pi$)

이공학도를
위 한
대학수학

제 5 장
극좌표

극좌표는 직교좌표로 나타내기 복잡한 평면의 곡선을 간단하게 표현할 수 있도록 도입한 좌표계이다. 이 좌표계에서는 원점으로부터의 거리 r과 x축으로부터의 각 θ를 좌표로 도입한다.
이 장에서는 극좌표와 직교좌표와의 관계를 연구하고, 극좌표를 이용하여 직교좌표로 표현하기 어려운 곡선의 그래프를 그려본다.

5.1 극좌표

평면 위의 임의의 점에서 x축과 y축에 각각 평행하게 그은 직선은 서로 직교한다. 원점 O에서부터 주어진 점에서 직교하는 두 직선까지의 거리를 좌표로 사용하는 좌표계를 직교좌표계라 한다. 지금까지 배운 수학이론은 모두 직교좌표계를 사용하였다. 다음은 직교좌표계만큼 유용한 극좌표계를 소개하고자 한다. 평면의 임의의 점을 원점으로부터 거리와 x축의 양의 방향으로부터의 각으로 표시하는 좌표계를 극좌표계라 한다.

정의 5.1.1 극좌표계

원점 O로부터 평면 위의 점 $P(x, y)$까지의 거리를 r, x축으로부터 반직선 $\overrightarrow{OP}$까지의 각을 θ라 하자(그림 5.1). $[r, \theta]$를 점 P의 극좌표라 한다. 이때 θ는 x축에서부터 시계 반대 방향으로 잰 각이어야 한다.

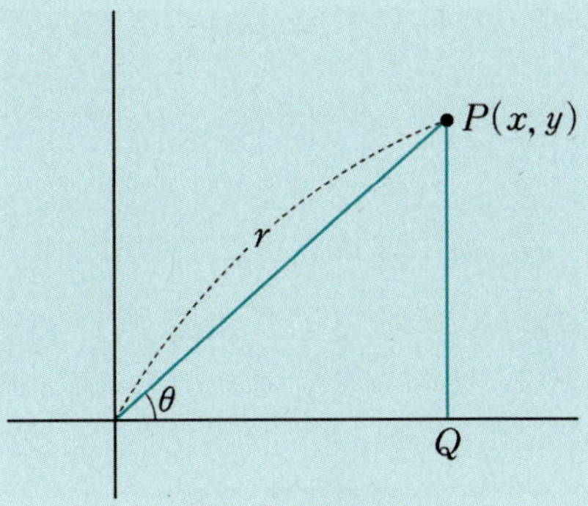

그림 5.1 극좌표

극좌표 $[r, \theta]$에서 r을 동경(radius vector), θ를 점 P의 편각(argument)이라 한다.

예제 5.1.1 점 $P(1, \sqrt{3})$에 대하여 다음을 구하여라.

(1) 원점 O으로부터 점 P까지의 거리를 구하여라.

(2) 반직선 $\overrightarrow{OP}$와 x축의 양의 방향이 이루는 각을 구하여라.

풀이 (1) 원점으로부터 점 P까지의 거리는

$$\overline{\mathrm{OP}} = \sqrt{1^2 + \sqrt{3}^2} = 2$$

(2) 그림 5.2와 같이 x축 위의 점 Q의 좌표를 $(1, 0)$이라 하면 $\triangle OPQ$는 $\angle OQP$가 직각인 직각삼각형이다. $OQ=1$, $PQ=\sqrt{3}$, $OP=2$이므로

$$\angle POQ = 60° = \frac{\pi}{3}$$

이다. 반직선 $\overrightarrow{OP}$와 x축의 양의 방향이 이루는 각은 $\frac{\pi}{3}$이다.

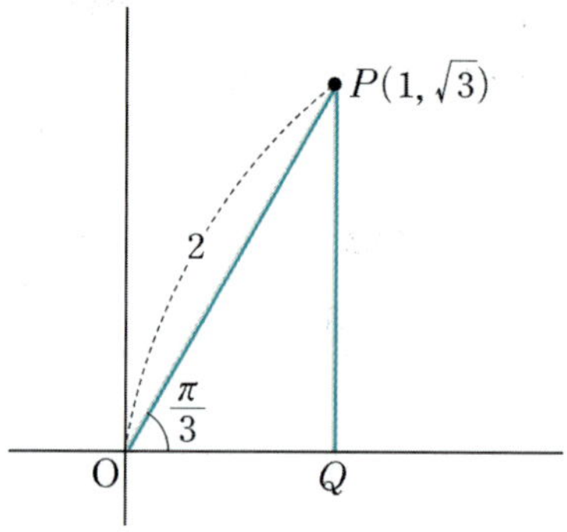

그림 5.2 거리와 각

예제 5.1.2 점 $(1, 1)$의 극좌표를 구하여라.

풀이 $r^2 = x^2 + y^2$이므로 $r^2 = 2$ 따라서 $r = \sqrt{2}$이다. 동경 r과 x축의 양의 방향이 이루는 각은 $\theta = \frac{\pi}{4}$이므로 $(1, 1)$의 극좌표는 $\left[\sqrt{2}, \frac{\pi}{4}\right]$이다.

예제 5.1.3 다음 각 점의 극좌표를 구하여라.

(1) $(2, 0)$
(2) $(0, 1)$
(3) $(-5, 0)$
(4) $(-1, \sqrt{3})$

풀이 (1) 원점으로부터의 거리 2, x축의 양의 방향으로부터의 각이 0이므로 점 $(2, 0)$의 극좌표는 $[2, 0]$이다.

(2) 양의 y축 위의 점이므로 $\left[1, \frac{\pi}{2}\right]$이다.

(3) 원점으로부터의 거리 5, x축의 양의 방향으로부터의 각이 π이므로 $[5, \pi]$이다.

(4) $r = \sqrt{(-1)^2 + \sqrt{3}^2} = 2$이고 x축의 양의 방향으로부터의 각 $\theta = \frac{2\pi}{3}$

이다. 따라서 주어진 점의 극좌표는 $\left[2,\ \frac{2\pi}{3}\right]$이다.

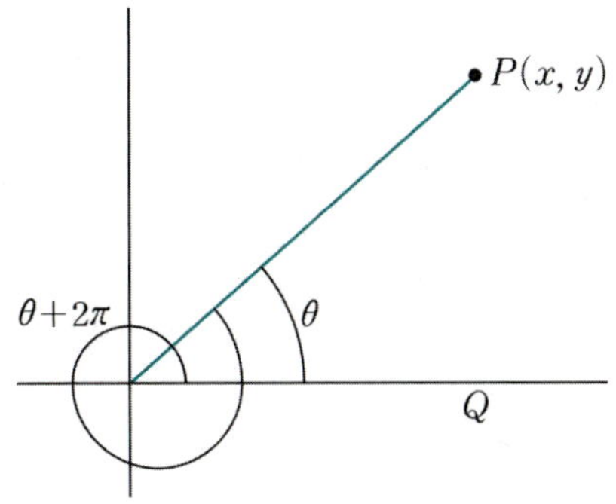

그림 5.3 극좌표와 각

극좌표는 각을 재는 방법에 따라 다양한 표현이 가능하다. 한 점의 극좌표가 $[r,\ \theta]$이면 임의의 정수 n에 대하여 $[r,\ 2n\pi+\theta]$는 모두 같은 점의 극좌표이다(그림 5.3). 예를 들어 예제 5.1.3 (d)에서 $\left[2,\ \frac{2\pi}{3}\right]$는 $\left[2,\ \frac{2\pi}{3}+2\pi\right]=\left[2,\ \frac{8\pi}{3}\right]$, $\left[2,\ \frac{2\pi}{3}-2\pi\right]=\left[2,\ -\frac{4\pi}{3}\right]$로 바꾸어 쓸 수 있다.

직교좌표 $(x,\ y)$와 극좌표 $[r,\ \theta]$ 사이의 관계에 대하여 알아보자. 그림 5.3과 같이 원점 O, 점 $P(x,\ y)$, x축 위의 점 $Q(x,\ 0)$으로 이루어진 직각삼각형 $\triangle OPQ$를 생각하자.

$$\cos\theta=\frac{OQ}{OP}=\frac{x}{r}$$

$$\sin\theta=\frac{PQ}{OP}=\frac{y}{r}$$

이므로

$$x=r\cos\theta$$

$$y=r\sin\theta$$

이다. 역으로,

$$\tan\theta=\frac{PQ}{OQ},\quad \cos\theta=\frac{OQ}{OP},\quad \sin\theta=\frac{PQ}{OP}$$

이므로

$$r^2=x^2+y^2$$

$$\tan\theta = \frac{y}{x}, \quad \cos\theta = \frac{x}{r}, \quad \sin\theta = \frac{y}{r}$$

가 성립한다. 따라서 점 P의 직교좌표 (x, y)와 극좌표 $[r, \theta]$ 사이에 다음 관계식이 성립한다.

> **직교좌표와 극좌표 사이의 관계**
>
> $$x = r\cos\theta, \ y = r\sin\theta$$
> $$r^2 = x^2 + y^2$$
> $$\tan\theta = \frac{y}{x}$$

예제 5.1.4 다음 극좌표를 직교좌표로 바꾸어라.

(1) $[3, 0]$　　(2) $\left[5, \frac{\pi}{3}\right]$

(3) $\left[2, \frac{\pi}{4}\right]$　　(4) $\left[1, \frac{5\pi}{3}\right]$

풀이 (1) $x = r\cos\theta, \ y = r\sin\theta$이므로

$x = 3\cos 0 = 3, \ y = 3\sin 0 = 0$이 되어 직교좌표는 $(3, 0)$이다.

(2) $\left(5\cos\frac{\pi}{3}, \ 5\sin\frac{\pi}{3}\right) = \left(\frac{5}{2}, \ \frac{5\sqrt{3}}{2}\right)$

(3) $\left(2\cos\frac{\pi}{4}, \ 2\sin\frac{\pi}{4}\right) = (\sqrt{2}, \ \sqrt{2})$

(4) $\left(\cos\frac{5\pi}{3}, \ \sin\frac{5\pi}{3}\right) = \left(\cos\frac{\pi}{3}, \ -\sin\frac{\pi}{3}\right) = \left(\frac{1}{2}, \ -\frac{\sqrt{3}}{2}\right)$

예제 5.1.5 다음 직교좌표를 극좌표로 바꾸어라.

(1) $(-2, 2)$　　(2) $(-\sqrt{3}, 1)$

(3) $(-1, -\sqrt{3})$　　(4) $(1, -1)$

풀이 (1) $r^2 = x^2 + y^2, \ \tan\theta = \frac{y}{x}$이므로

$r = \sqrt{(-2)^2 + 2^2} = 2\sqrt{2}, \ \tan\theta = -1$이다.

θ가 제2사분면의 각이므로 $\theta = \dfrac{3\pi}{4}$이다. 극좌표는 $\left[2\sqrt{2},\ \dfrac{3\pi}{4}\right]$

(2) $r^2 = x^2 + y^2$에서 $r^2 = 4$, $\tan\theta = -\dfrac{1}{\sqrt{3}}$이다.

θ가 제2사분면의 각이므로 $\theta = \dfrac{5\pi}{6}$이다. 극좌표는 $\left[2,\ \dfrac{5\pi}{6}\right]$

(3) $r^2 = x^2 + y^2$에서 $r = 2$, $\tan\theta = \sqrt{3}$이다.

θ가 제3사분면의 각이므로 $\theta = \dfrac{4\pi}{3}$이다. 극좌표는 $\left[2,\ \dfrac{4\pi}{3}\right]$

(4) $r = \sqrt{x^2 + y^2} = \sqrt{2}$, $\tan\theta = \dfrac{y}{x} = -1$이다.

θ가 제4사분면의 각이므로 $\theta = \dfrac{7\pi}{4}$이고 극좌표는 $\left[\sqrt{2},\ \dfrac{7\pi}{4}\right]$이다.

극좌표의 정의에서 r은 $\sqrt{x^2 + y^2}$으로 주어지므로 0보다 크거나 같은 값을 가진다. 그러나 극좌표에서 직교좌표로의 변환식 $\begin{cases} x = r\cos\theta \\ r = r\sin\theta \end{cases}$은 $r < 0$인 경우에도 잘 정의된다. 극좌표 $[-r,\ \theta]$는 직교좌표

$$(-r\cos\theta,\ -r\sin\theta) = (r\cos(\pi+\theta),\ r\sin(\pi+\theta))$$

와 같으므로 $[r,\ \pi+\theta]$와 같은 점이 된다. 지금부터는 $r < 0$인 경우도 허용하기로 하며 $[-r,\ \theta]$와 $[r,\ \pi+\theta]$는 같은 점의 극좌표로 이해하기로 한다.

예제 5.1.6 다음 극좌표를 직교좌표로 바꾸어라.

(1) $\left[-4,\ \dfrac{\pi}{3}\right]$　　(2) $\left[\sqrt{2},\ \dfrac{7\pi}{4}\right]$

(3) $[-2,\ \pi]$　　(4) $\left[-\sqrt{2},\ \dfrac{5\pi}{4}\right]$

풀이 (1) $\left(-4\cos\dfrac{\pi}{3},\ -4\sin\dfrac{\pi}{3}\right) = (-2,\ -2\sqrt{3})$

(2) $\left(\sqrt{2}\cos\dfrac{7\pi}{4},\ \sqrt{2}\sin\dfrac{7\pi}{4}\right) = (1,\ -1)$

(3) $(-2\cos\pi,\ -2\sin\pi) = (2,\ 0)$

(4) $\left(-\sqrt{2}\cos\dfrac{5\pi}{4},\ -\sqrt{2}\sin\dfrac{5\pi}{4}\right) = (1,\ 1)$

5.1 연습문제

1 다음 극좌표를 평면 위에 그려라.

(1) $[4, 0]$　　(2) $[-2, 0]$

(3) $\left[1, \frac{\pi}{2}\right]$　　(4) $\left[1, \frac{3\pi}{2}\right]$

(5) $\left[3, \frac{\pi}{6}\right]$　　(6) $\left[-2, \frac{19\pi}{6}\right]$

(7) $\left[4, \frac{5\pi}{3}\right]$　　(8) $\left[5, -\frac{13\pi}{3}\right]$

(9) $\left[-2, \frac{3\pi}{4}\right]$　　(10) $\left[2, \frac{9\pi}{4}\right]$

2 다음 극좌표를 직교좌표로 바꾸어라.

(1) $[0, 2\pi]$　　(2) $[2, 0]$

(3) $\left[-1, \frac{\pi}{6}\right]$　　(4) $\left[2, \frac{11\pi}{6}\right]$

(5) $\left[4, \frac{5\pi}{3}\right]$　　(6) $\left[7, -\frac{11\pi}{3}\right]$

(7) $\left[\frac{1}{2}, \frac{3\pi}{4}\right]$　　(8) $\left[-2, -\frac{9\pi}{4}\right]$

3 다음 직교좌표를 극좌표로 바꾸어라.

(1) $(0, 1)$　　(2) $(-2, 0)$

(3) $(\sqrt{3}, -1)$　　(4) $(-\sqrt{3}, -1)$

(5) $(-1, \sqrt{3})$　　(6) $(1, -\sqrt{3})$

(7) $(-3, -3)$　　(8) $(-\sqrt{2}, \sqrt{2})$

5.2 극좌표와 곡선

극좌표를 이용하면 직교좌표로는 표현하기 어려운 곡선을 쉽게 표현할 수 있는 경우가 있다. 이 절에서는 극좌표로 표현되는 다양한 곡선들을 찾아보고 그 그래프를 그려보고자 한다.

극좌표에서 직교좌표로의 변환식 $\begin{cases} x = r\cos\theta \\ y = r\sin\theta \end{cases}$는 직교좌표 방정식을 극좌표 방정식으로 변환할 때 유용하다.

예제 5.2.1 직교좌표 방정식 $x^2 + y^2 = 25$를 극좌표 방정식으로 바꾸어라.

풀이 주어진 방정식에 $\begin{cases} x = r\cos\theta \\ y = r\sin\theta \end{cases}$을 대입하면 $r^2\cos^2\theta + r^2\sin^2\theta = 25$, 곧 $r^2 = 25$를 얻는다. 따라서 $r = \pm 5$이다. 실제로는 $r = -5$와 $r = 5$는 같은 그래프를 가진다.

예제 5.2.2 직교좌표 방정식 $y^2 = 4x$를 극좌표 방정식으로 바꾸어라.

풀이 주어진 방정식에 $\begin{cases} x = r\cos\theta \\ y = r\sin\theta \end{cases}$을 대입하면 $r^2\sin^2\theta = 4r\cos\theta$, 곧 $r = 4\csc\theta\cot\theta$를 얻는다.

5.1절에서 공부한 바와 같이 극좌표 방정식을 직교좌표 방정식으로 변환할 때는

$$r^2 = x^2 + y^2$$
$$\tan\theta = \frac{y}{x}, \quad \cos\theta = \frac{x}{r}, \quad \sin\theta = \frac{y}{r}$$

를 이용한다.

예제 5.2.3 극좌표 방정식 $r = 2\cos\theta$를 직교좌표 방정식으로 바꾸어라.

풀이 주어진 방정식에 $\cos\theta = \dfrac{x}{r}$를 대입하면 $r = 2\dfrac{x}{r}$, 곧 $r^2 = 2x$이다. 다시, $r^2 = x^2 + y^2$을 대입하면 $x^2 + y^2 - 2x = 0$을 얻는다.

예제 5.2.4 극좌표 방정식 $r = 2\cos\theta + 2\sin\theta$를 직교좌표 방정식으로 바꾸어라.

풀이 주어진 방정식에 r을 곱하면 $r^2 = 2r\cos\theta + 2r\sin\theta$, $r^2 = x^2 + y^2$과 $\begin{cases} x = r\cos\theta \\ y = r\sin\theta \end{cases}$를 대입하면 직교좌표 방정식 $x^2 + y^2 = 2x + 2y$,

$$(x-1)^2 + (y-1)^2 = 2$$

를 얻는다.

이제 극좌표 방정식의 자취를 그래프로 나타내 보자. 극좌표 방정식 $r = f(\theta)$의 그래프는 점 (r, θ)들의 집합이므로 순서쌍 (r, θ)를 좌표평면에 찍고 부드럽게 연결하면 그 그래프를 얻을 수 있다

예제 5.2.5 다음 극좌표 방정식의 그래프를 그려라.

(1) $r = \sin\theta$ (2) $r = 1 + \cos\theta$

풀이 (1) 극좌표 방정식의 그래프는 다음 표를 이용하면 편리하다.

θ	$\frac{0\pi}{6}$	$\frac{1\pi}{6}$	$\frac{2\pi}{6}$	$\frac{3\pi}{6}$	$\frac{4\pi}{6}$	$\frac{5\pi}{6}$	$\frac{6\pi}{6}$
r	0	$\frac{1}{2}$	$\frac{\sqrt{3}}{2}$	1	$\frac{\sqrt{3}}{2}$	$\frac{1}{2}$	0

θ	$\frac{7\pi}{6}$	$\frac{8\pi}{6}$	$\frac{9\pi}{6}$	$\frac{10\pi}{6}$	$\frac{11\pi}{6}$	$\frac{12\pi}{6}$
r	$-\frac{1}{2}$	$-\frac{\sqrt{3}}{2}$	-1	$-\frac{\sqrt{3}}{2}$	$-\frac{1}{2}$	0

각 θ와 원점으로부터의 거리 r을 짝지어 좌표평면에 그리면 그림 5.4와 같다. 반지름 $\frac{1}{2}$인 원이 두 번 그려진다.

(2) $r = 1 + \cos\theta$의 자취 (r, θ)는 다음과 같다.

θ	$\frac{0\pi}{6}$	$\frac{1\pi}{6}$	$\frac{2\pi}{6}$	$\frac{3\pi}{6}$	$\frac{4\pi}{6}$	$\frac{5\pi}{6}$	$\frac{6\pi}{6}$
r	2	$1+\frac{\sqrt{3}}{2}$	$\frac{3}{2}$	1	$\frac{1}{2}$	$1-\frac{\sqrt{3}}{2}$	0

θ	$\frac{7\pi}{6}$	$\frac{8\pi}{6}$	$\frac{9\pi}{6}$	$\frac{10\pi}{6}$	$\frac{11\pi}{6}$	$\frac{12\pi}{6}$
r	$1-\frac{\sqrt{3}}{2}$	$\frac{1}{2}$	1	$\frac{3}{2}$	$1+\frac{\sqrt{3}}{2}$	2

(r, θ)를 그래프로 그리면 그림 5.5와 같다.

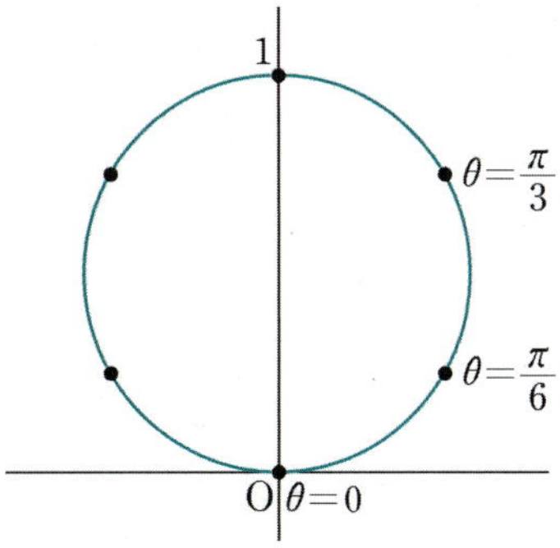

그림 5.4 $r=\sin\theta$의 그래프

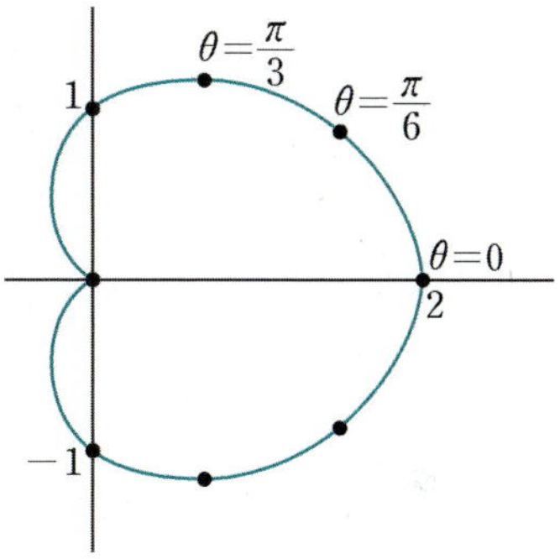

그림 5.5 $r=1+\cos\theta$의 그래프

극좌표 방정식 $r=f(\theta)$로 주어지는 곡선의 접선에 대하여 알아보자. 이 방정식을 $\begin{cases} x=r\cos\theta \\ y=r\sin\theta \end{cases}$에 대입하면 매개변수 θ인 매개변수 방정식

$$\begin{cases} x=f(\theta)\cos\theta \\ y=f(\theta)\sin\theta \end{cases}$$

를 얻는다. 이 매개변수방정식의 도함수는

$$\frac{dy}{dx}=\frac{\frac{dy}{d\theta}}{\frac{dx}{d\theta}}=\frac{f'(\theta)\sin\theta+f(\theta)\cos\theta}{f'(\theta)\cos\theta-f(\theta)\sin\theta}$$

와 같다. 분모와 분자를 $\cos\theta$로 나누고 $r=f(\theta)$, $r'=f'(\theta)$로 치환하면

$$\frac{dy}{dx}=\frac{r'\tan\theta+r}{r'-r\tan\theta}$$

를 얻는다.

예제 5.2.6 점 $\theta = \frac{\pi}{2}$에서 곡선 $r = 1 - \cos\theta$의 접선의 방정식을 구하여라.

풀이 $r' = \sin\theta$이므로

$$\frac{dy}{dx} = \frac{\sin\theta\sin\theta + (1-\cos\theta)\cos\theta}{\sin\theta\cos\theta - (1-\cos\theta)\sin\theta}$$

$\theta = \frac{\pi}{2}$를 대입하면 접선의 기울기 -1을 얻는다. 극좌표 $\theta = \frac{\pi}{2}$이면 $r = 1$이고 극좌표 $\left[1, \frac{\pi}{2}\right]$는 직교좌표 $(0, 1)$과 같은 점을 나타내므로 접선의 방정식은 $y = -x + 1$이다.

예제 5.2.7 점 $\theta = \frac{\pi}{3}$에서 곡선 $r = \sin 2\theta$의 접선의 방정식을 구하여라.

풀이 $r' = 2\cos 2\theta$이므로

$$\frac{dy}{dx} = \frac{2\cos 2\theta\sin\theta + (\sin 2\theta)\cos\theta}{2\cos 2\theta\cos\theta - (\sin 2\theta)\sin\theta}$$

$\theta = \frac{\pi}{3}$를 대입하면 접선의 기울기 $\frac{\sqrt{3}}{5}$을 얻는다. 극좌표 $\theta = \frac{\pi}{3}$이면 $r = \frac{\sqrt{3}}{2}$이고 극좌표 $\left[\frac{\sqrt{3}}{2}, \frac{\pi}{3}\right]$는 직교좌표 $\left(\frac{\sqrt{3}}{4}, \frac{3}{4}\right)$과 같은 점이다. 따라서 접선의 방정식은

$$y - \frac{3}{4} = \frac{\sqrt{3}}{5}\left(x - \frac{\sqrt{3}}{4}\right)$$
$$y = \frac{\sqrt{3}}{5}x + \frac{3}{5}$$

이다.

5.2 연습문제

1 다음 직교좌표 방정식을 극좌표 방정식으로 바꾸어라.

(1) $y = x$

(2) $y = 2x$

(3) $x^2 + y^2 = 9$

(4) $xy = 1$

2 다음 극좌표 방정식을 직교좌표 방정식으로 바꾸어라.

(1) $\theta = \pi$

(2) $r = a,\ a > 0$

(3) $r = \cos\theta$

(4) $r = \sin\theta$

(5) $r = \sec\theta$

(6) $\cos\theta = \sin\theta$

3 다음 극좌표 방정식의 그래프를 그려라.

(1) $\theta = \dfrac{5\pi}{4}$

(2) $r\cos\theta = -6$

(3) $r = 2$

(4) $r = \theta$

(5) $r = \cos 2\theta$

(6) $r = \sin 3\theta$

(7) $r = 1 + \sin\theta$

(8) $r^2 = \sin\theta$

4 다음 극좌표 방정식과 주어진 점에서 접선의 방정식을 구하여라.

(1) $r = \theta,\ \theta = \pi$

(2) $r = 1 - \cos\theta,\ \theta = -\dfrac{\pi}{2}$

(3) $r = 3,\ \theta = -\dfrac{\pi}{3}$

(4) $r = \sin 2\theta,\ \theta = -\dfrac{\pi}{3}$

제 6 장
적분

앞에서 함수를 미분하여 도함수를 얻는 방법을 알아보았다. 역으로 도함수에 대하여 본래의 함수를 대응시키는 것을 부정적분이라 한다.

고대로부터 영역의 넓이, 입체의 부피, 호의 길이 등을 구하는 것은 수학자들의 중요한 관심사였다. 이 양들은 극한으로부터 구할 수 있다.

이 장에서는 부정적분을 구하는 방법을 알아보고 미적분학의 기본 정리를 이용하여 부정적분과 넓이, 부피, 호의 길이의 관계를 설명한다.

6.1 부정적분

미분은 함수에 그 도함수를 대응시키는 연산을 말한다. 이 연산을 역으로 시행하면 도함수에 대하여 본래의 함수를 얻을 수 있다. 함수 $F(x)$의 도함수가 $f(x)$일 때 $F(x)$를 $f(x)$의 역도함수 또는 원시함수라 한다.

함수 $f(x)$의 역도함수 $F(x)$와 임의의 상수 C에 대하여

$$(F(x)+C)' = f(x)$$

를 만족하므로 $F(x)+C$도 역시 $f(x)$의 역도함수이다.

정의 6.1.1

함수 $f(x)$가 구간 I에서 연속이라 하자. I에서 $f(x)$의 역도함수를 $f(x)$의 부정적분이라 하고 $\int f(x)\,dx$로 나타낸다.

$F'(x) = f(x)$이면 임의의 상수 C에 대하여 $F(x)+C$ 꼴의 함수는 모두 $f(x)$의 역도함수이므로, 부정적분을 다음과 같이 나타낸다.

$$\int f(x)\,dx = F(x) + C$$

이 식에서 $f(x)$를 피적분함수, C를 적분상수라 한다.

예제 6.1.1 다음 부정적분을 구하여라.

(1) $\int 2x\,dx$ (2) $\int (3x^2-2)\,dx$

풀이 (1) $(x^2)' = 2x$이므로 $\int 2x\,dx = x^2 + C$이다.

(2) $(x^3-2x)' = 3x^2-2$이므로 $\int (3x^2-2)dx = x^3-2x+C$를 얻는다.

상수함수와 x^n 꼴의 부정적분은 다음과 같다.

[1] $\int a\,dx = ax + C$

[2] $\int x^n\,dx = \frac{1}{n+1}x + C,\ n \neq -1$

예제 6.1.2 다음 부정적분을 구하여라.

(1) $\int 3\,dx$　　　　(2) $\int x^5\,dx$

(3) $\int \frac{1}{x^2}\,dx$　　　　(4) $\int \sqrt{x}\,dx$

풀이 (1) $\int 3\,dx = 3x + C$

(2) $\int x^5\,dx = \frac{1}{6}x^6 + C$

(3) $\int \frac{1}{x^2}\,dx = \int x^{-2}\,dx = \frac{1}{-1}x^{-1} + C = -\frac{1}{x} + C$

(4) $\int \sqrt{x}\,dx = \int x^{\frac{1}{2}}\,dx = \frac{2}{3}x^{\frac{3}{2}} + C$

삼각함수의 미분법으로부터 다음을 얻는다.

[3] $\int \cos x\,dx = \sin x + C$

[4] $\int \sin x\,dx = -\cos x + C$

[5] $\int \sec^2 x\,dx = \tan x + C$

[6] $\int \csc^2 x\,dx = -\cot x + C$

[7] $\int \sec x \tan x\,dx = \sec x + C$

[8] $\int \csc x \cot x\,dx = -\csc x + C$

로그함수의 미분 $(\ln|x|)' = \frac{1}{x}$과 지수함수의 미분 $(e^x)' = e^x$로부터 다음을 얻는다.

[9] $\int \frac{1}{x}\,dx = \ln|x| + C$

[10] $\int e^x\,dx = e^x + C$

[11] $\int a^x\,dx = \frac{1}{\ln a}a^x + C$

예제 6.1.3 다음 부정적분을 구하여라.

(1) $\int 2^x\,dx$　　　　(2) $\int 7^x\,dx$

풀이 (1) $\int 2^x\,dx = \frac{1}{\ln 2}2^x + C$　　　　(2) $\int 7^x\,dx = \frac{1}{\ln 7}7^x + C$

역삼각함수의 미분

$$(\arcsin x)' = \frac{1}{\sqrt{1-x^2}},$$
$$(\arctan x)' = \frac{1}{1+x^2},$$
$$(\mathrm{arcsec}\,x)' = \frac{1}{x\sqrt{x^2-1}}$$

로부터 다음 공식을 얻는다.

[12] $\int \frac{1}{\sqrt{1-x^2}}\,dx = \arcsin x + C$

[13] $\int \frac{1}{1+x^2}\,dx = \arctan x + C$

[14] $\int \frac{1}{x\sqrt{x^2-1}}\,dx = \mathrm{arcsec}\,x + C$

위에서 소개한 공식들은 기본적인 함수의 미분으로부터 얻어진다. 이 공식과 미분에 대한 정리를 적용하면 복잡한 함수에 대한 적분을 계산할 수 있다.

두 함수 $F(x)$와 $G(x)$의 도함수를 각각 $f(x)$, $g(x)$라 하자. 두 실수 a, b에 대하여

$$\begin{aligned}(aF(x)+bG(x))' &= aF'(x)+bG'(x)\\ &= af(x)+bg(x)\end{aligned}$$

가 성립한다. 따라서

$$\begin{aligned}\int (af(x)+bg(x))\,dx &= aF(x)+bG(x)+C\\ &= a\int f(x)\,dx + b\int g(x)\,dx\end{aligned}$$

임을 알 수 있다.

정리 6.1.1

두 함수 $f(x)$와 $g(x)$가 구간 I에서 연속이라 하자.
함수 $af(x)+bg(x)$의 부정적분은

$$\int (af(x)+bg(x))\,dx = a\int f(x)\,dx + b\int g(x)\,dx$$

이다.

이 정리로부터

$$\int af(x) = a\int f(x)$$

와

$$\int (f(x)+g(x))\,dx = \int f(x)\,dx + \int g(x)\,dx$$

를 얻을 수 있다.

예제 6.1.4 다음 부정적분을 구하여라.

(1) $\int -5x^2\,dx$ (2) $\int (x+\sin x)\,dx$

(3) $\int \left(\frac{7}{x}+2e^x\right)dx$ (4) $\int \frac{1+x^2}{x}\,dx$

풀이 (1) $\int -5x^2\,dx = -5\int x^2\,dx = -\frac{5}{3}x^3 + C$

(2) $\int (x+\sin x)\,dx = \int x\,dx + \int \sin x\,dx = \frac{1}{2}x^2 - \cos x + C$

(3) $\int \left(\frac{7}{x}+2e^x\right)dx = 7\int \frac{1}{x}\,dx + 2\int e^x\,dx = 7\ln|x| + 2e^x + C$

(4) $\int \frac{1+x^2}{x}\,dx = \int \frac{1}{x}\,dx + \int x\,dx = \ln|x| + \frac{1}{2}x^2 + C$

합성함수의 미분법에서 얻을 수 있는 적분 공식은 뒤에서 자세히 알아보기로 하고 여기서는 그 중 단순한 형태를 소개한다. 함수 $F(x)$의 도함수를 $f(x)$라 하자. 합성함수의 미분법에 의하여

$$\frac{d}{dx}F(ax) = af(ax)$$

이다. 이 식을 부정적분에 적용하면

$$\int f(ax)\,dx = \frac{1}{a}F(ax) + C$$

를 얻는다.

정리 6.1.2

함수 $f(x)$가 구간 I에서 연속이라 하자. $F'(x) = f(x)$이면

$$\int f(ax)\,dx = \frac{1}{a}F(ax) + C$$

이다.

예제 6.1.5 다음 부정적분을 구하여라.

(1) $\displaystyle\int e^{-x}\,dx$ (2) $\displaystyle\int \cos\frac{x}{2}\,dx$

(3) $\displaystyle\int \sec 2x \tan 2x\,dx$ (4) $\displaystyle\int \frac{1}{1+4x^2}\,dx$

풀이 (1) $(e^x)' = e^x$이므로 $\displaystyle\int e^{-x}\,dx = -e^{-x} + C$

(2) $(\sin x)' = \cos x$이므로 $\displaystyle\int \cos\frac{x}{2}\,dx = 2\sin\frac{x}{2} + C$

(3) $(\sec x)' = \sec x \tan x$이므로 $\displaystyle\int \sec 2x \tan 2x\,dx = \frac{1}{2}\sec 2x + C$

(4) $(\arctan x)' = \dfrac{1}{1+x^2}$ 이므로

$$\int \frac{1}{1+4x^2}\,dx = \int \frac{1}{1+(2x)^2}\,dx = \frac{1}{2}\arctan 2x + C$$

함수 $f(x)$의 도함수가 존재하고 $f(x) \neq 0$이라 하자. $\ln|f(x)|$의 도함수는

$$\frac{d}{dx}\ln|f(x)| = \frac{f'(x)}{f(x)}$$

이므로 다음을 얻는다.

정리 6.1.3

함수 $f(x)$가 구간 I에서 미분가능하고 $f(x) \neq 0$이라 하자. 함수 $\dfrac{f'(x)}{f(x)}$의 부정적분은 다음과 같이 주어진다.

$$\int \frac{f'(x)}{f(x)}\,dx = \ln|f(x)| + C$$

예제 6.1.6 다음 부정적분을 구하여라.

(1) $\displaystyle\int \frac{2x}{x^2+1}\,dx$ (2) $\displaystyle\int \frac{1}{x\ln x}\,dx$

(3) $\displaystyle\int \frac{\cos x}{\sin x}\,dx$ (4) $\displaystyle\int \frac{\sec^2 x}{\tan x}\,dx$

풀이 (1) $(x^2+1)' = 2x$이므로

$$\int \frac{2x}{x^2+1}\,dx = \ln(x^2+1) + C$$

(2) $\dfrac{1}{x\ln x} = \dfrac{\frac{1}{x}}{\ln x}$이고 $(\ln x)' = \dfrac{1}{x}$이므로

$$\int \frac{1}{x\ln x}\,dx = \ln|\ln x| + C$$

(3) $\displaystyle\int \frac{\cos x}{\sin x}\,dx = \ln|\sin x| + C$

(4) $(\tan x)' = \sec^2 x$이므로

$$\int \frac{\sec^2 x}{\tan x}\,dx = \ln|\tan x| + C$$

합성함수 $F(g(x))$의 도함수를 살펴보자. 합성함수의 미분법에 의하여

$$\frac{d}{dx}F(g(x)) = F'(g(x))g'(x)$$

이므로

$$\int F'(g(x))g'(x)\,dx = F(g(x)) + C$$

이다.

역으로, 함수 $f(u)$의 역도함수를 $F(u)$라 하고 $u = g(x)$라 하면

$$\frac{d}{dx}F(u) = F'(u)\frac{du}{dx} = f(u)\frac{du}{dx} = f(g(x))g'(x)$$

이고 다음 식을 얻는다.

$$\int f(g(x))g'(x)\,dx = F(u) + C = \int f(u)\,du$$

이와 같이 합성함수의 미분법을 이용한 적분을 **치환적분**이라 한다.

정리 6.1.4 치환적분

두 함수 $F(x)$, $g(x)$가 구간 I에서 미분가능하면

$$\int F'(g(x))g'(x)\,dx = F(g(x)) + C$$

이다.

예제 6.1.7 다음 부정적분을 구하여라.

(1) $\int (x^2-1)^3 \cdot 2x\,dx$ (2) $\int e^{x-1}\,dx$

풀이 (1) $F(x) = \frac{1}{4}x^4$, $g(x) = x^2 - 1$이라 하고 치환적분법을 써서 적분하면

$$\begin{aligned}\int (x^2-1)^3 \cdot 2x\,dx &= \int F'(g(x))g'(x)\,dx \\ &= F(g(x)) + C \\ &= \frac{1}{4}(x^2-1)^4 + C\end{aligned}$$

(2) $F(x)=e^x$, $g(x)=x-1$이라 하면

$$\begin{aligned}\int e^{x-1}\,dx &= \int F'(g(x))g'(x)\,dx \\ &= F(g(x))+C \\ &= e^{x-1}+C\end{aligned}$$

위 정리 6.1.4는 다음과 같이 고쳐 쓸 수 있다.

정리 6.1.5 치환적분

함수 $f(x)$가 구간 I에서 연속이고, $g(x)$가 구간 I에서 미분가능이라 하자. $u=g(x)$라 하면

$$\int f(g(x))g'(x)\,dx = \int f(u)\,du$$

이다.

치환적분의 공식은 $\int f(g(x))g'(x)\,dx$에서 $u=g(x)$, $du=g'(x)dx$라 치환한 것과 같다. 곧, 도함수 $\dfrac{du}{dx}=f'(x)$를 나눗셈처럼 생각하여

$$du=g'(x)dx$$

로 치환한다.

예제 6.1.8 다음 부정적분을 구하여라.

(1) $\int 2x(x^2+1)^5\,dx$ (2) $\int x^2(x^3-2)^5\,dx$

(3) $\int 2x\sin x^2\,dx$ (4) $\int \sec^2 x(\tan x+1)\,dx$

풀이 (1) $u=x^2+1$이라 하면 $\dfrac{du}{dx}=2x$이므로

$$\begin{aligned}\int 2x(x^2+1)^5\,dx &= \int u^5\frac{du}{dx}\,dx \\ &= \int u^5\,du\end{aligned}$$

$$= \frac{1}{6}u^6 + C$$

이다. $u = x^2 + 1$를 대입하면 $\frac{1}{6}(x^2+1)^6 + C$를 얻는다.

(2) $u = x^3 - 2$이라 하면 $du = 3x^2 dx$이므로

$$\begin{aligned}\int x^2(x^3-2)^5\,dx &= \frac{1}{3}\int (x^3-2)^5 3x^2\,dx \\ &= \frac{1}{3}\int u^5\,du \\ &= \frac{1}{3}\left(\frac{1}{6}u^6 + C\right)\end{aligned}$$

이다. $u = x^3 - 2$를 대입하면 $\frac{1}{18}(x^3-2)^6 + C$를 얻는다.

(3) $u = x^2$이라 하고 치환적분법을 쓰면

$$\begin{aligned}\int 2x\sin x^2\,dx &= \int \sin u\,du \\ &= -\cos u + C \\ &= -\cos x^2 + C\end{aligned}$$

(4) $u = \tan x + 1$이라 하면 $\frac{du}{dx} = \sec^2 x$이므로

$$\begin{aligned}\int \sec^2 x(\tan x + 1)\,dx &= \int u\,du \\ &= \frac{1}{2}u^2 + C \\ &= \frac{1}{2}(\tan x + 1)^2 + C\end{aligned}$$

예제 6.1.9 다음 부정적분을 구하여라.

(1) $\int \sqrt{x+1}\,dx$ (2) $\int x\sqrt{x-1}\,dx$

풀이 (1) $u = x + 1$이라 하면 $\frac{du}{dx} = 1$, $du = dx$이다. 따라서

$$\int \sqrt{x+1}\,dx = \int u^{\frac{1}{2}}\,du$$

$$= \frac{2}{3}u^{\frac{3}{2}} + C$$

$$= \frac{2}{3}(x+1)^{\frac{3}{2}} + C$$

를 얻는다.

(2) $u = x-1$이라 하면 $x = u+1$, $du = dx$이므로

$$\begin{aligned}\int x\sqrt{x-1}\,dx &= \int (u+1)\sqrt{u}\,du \\ &= \int u^{\frac{3}{2}} + u^{\frac{1}{2}}\,du \\ &= \frac{2}{5}u^{\frac{5}{2}} + \frac{2}{3}u^{\frac{3}{2}} + C \\ &= \frac{2}{5}(x-1)^{\frac{5}{2}} + \frac{2}{3}(x-1)^{\frac{3}{2}} + C\end{aligned}$$

6.1 연습문제

1 다음 함수의 역도함수를 구하여라.

(1) $x^2 - 1$　　(2) e^{5x}

(3) $\cos 4x$　　(4) $\dfrac{1}{2x}$

2 다음 부정적분을 구하여라.

(1) $\int (x+1)\,dx$　　(2) $\int (2x+3)\,dx$

(3) $\int x^6\,dx$　　(4) $\int (x^3+2x^2-4)\,dx$

(5) $\int \sqrt[4]{x}\,dx$　　(6) $\int (x^2+\sqrt{x})\,dx$

(7) $\int \dfrac{\sqrt[3]{x}-2}{\sqrt[3]{x}}\,dx$　　(8) $\int \dfrac{e^x-1}{e^x}\,dx$

(9) $\int \sec^2 x\,dx$　　(10) $\int \sec^2 2x\,dx$

(11) $\int \dfrac{1}{x+1}\,dx$　　(12) $\int \dfrac{1}{2x+1}\,dx$

(13) $\int (2+\tan x)\,dx$　　(14) $\int \tan 3x\,dx$

(15) $\int x(x^2-2)^5\,dx$　　(16) $\int \dfrac{(\sqrt{x}+1)^4}{2\sqrt{x}}\,dx$

(17) $\int \sec^2 x \tan x\,dx$　　(18) $\int (1+\sec x)\tan x\,dx$

(19) $\int \dfrac{e^x}{e^x-1}\,dx$　　(20) $\int \dfrac{e^{-x}}{e^{-x}+1}\,dx$

(21) $\int 3^x\,dx$　　(22) $\int 5^x \ln 5\,dx$

(23) $\int \dfrac{\ln(x+1)}{x+1}\,dx$　　(24) $\int \dfrac{x\ln(x^2+1)}{x^2+1}\,dx$

6.2 부분적분

앞 절에서는 부정적분의 정의와 치환적분에 대하여 알아보았다. 이 절에서는 두 함수의 곱의 미분에 의하여 정의되는 부분적분법에 대하여 알아본다. 또 부분적분법의 응용으로 삼각함수와 유리함수의 적분법에 대하여 알아본다.

두 함수 $f(x)$, $g(x)$의 곱 $f(x)g(x)$의 미분을 살펴보자. 미분 공식

$$(f(x)g(x))' = f'(x)g(x) + f(x)g(x)'$$

으로부터

$$\int f'(x)g(x)\,dx + \int f(x)g'(x)\,dx = f(x)g(x) + C$$

를 얻는다. $u = f(x)$, $v = g(x)$라 하면

$$\int u'v\,dx + \int uv'\,dx = uv + C$$

이고

$$\int u'v\,dx = uv - \int uv'\,dx$$

임을 알 수 있다. 이와 같이 피적분 함수를 두 함수의 곱으로 표현하여 계산하는 방법을 부분적분이라 한다.

정리 6.2.1 부분적분

두 함수 $f(x)$, $g(x)$가 구간 I에서 미분가능하면

$$\int f'(x)g(x)\,dx = f(x)g(x) - \int f(x)g'(x)\,dx$$

이다. 여기서 $u = f(x)$, $v = g(x)$라 하면

$$\int u'v\,dx = uv - \int uv'\,dx$$

가 성립한다.

위 정리에서 f와 g의 역할을 바꾸면

$$\int f(x)g'(x)\,dx = f(x)g(x) - \int f'(x)g(x)\,dx$$

이다. $u = f(x)$, $v = g(x)$라 하면

$$\int uv'\,dx = uv - \int u'v\,dx$$

를 얻는다.

예제 6.2.1 다음 부정적분을 구하여라.

(1) $\int x e^x\,dx$ (2) $\int x\sin x\,dx$

(3) $\int x\ln x\,dx$ (4) $\int \ln x\,dx$

풀이 (1) $u = x$, $v' = e^x$라 하고 부분적분법을 쓰자. $u' = 1$, $v = e^x$이므로

$$\begin{aligned}\int x e^x\,dx &= \int uv'\,dx \\ &= uv - \int u'v\,dx \\ &= x e^x - \int e^x\,dx \\ &= x e^x - e^x + C\end{aligned}$$

(2) $u = x$, $v' = \sin x$ 라 하면 $u' = 1$, $v = -\cos x$ 이므로

$$\begin{aligned}\int x\sin x\,dx &= -x\cos x - \int(-\cos x)\,dx \\ &= -x\cos x + \sin x + C\end{aligned}$$

(3) $u' = x$, $v = \ln x$ 라 하면 $u = \frac{1}{2}x^2$, $v' = \frac{1}{x}$이므로

$$\begin{aligned}\int x\ln x\,dx &= \frac{1}{2}x^2\ln x - \int \frac{1}{2}x^2\frac{1}{x}\,dx \\ &= \frac{1}{2}x^2\ln x - \frac{1}{4}x^2 + C\end{aligned}$$

(4) $u' = 1$, $v = \ln x$ 라 하면 $u = x$, $v' = \frac{1}{x}$이므로

$$\int \ln x\,dx = x\ln x - \int x\frac{1}{x}\,dx$$
$$= x\ln x - x + C$$

부분적분법을 응용하여 다양한 삼각함수들을 적분하여 보자. 먼저, 부정적분 $\int \sin^2 x\,dx$ 를 구하여 보자. $\sin^2 x = \dfrac{1-\cos 2x}{2}$ 를 적분하여

$$\int \sin^2 x\,dx = \frac{1}{2}x - \frac{1}{4}\sin 2x + C$$

를 얻는다. 마찬가지 방법으로

$$\int \cos^2 x\,dx = \frac{1}{2}x + \frac{1}{4}\sin 2x + C$$

를 얻을 수 있다.

일반적으로, $\int \sin^n x\,dx$, $n \ge 2$, 꼴의 적분을 계산하기 위하여 등식

$$\sin^n x = \sin x \sin^{n-1} x$$

에서 $u' = \sin x$, $v = \sin^{n-1} x$ 라 하자.

$$u = -\cos x,\ v' = (n-1)\sin^{n-2} x\cos x$$

이므로

$$\begin{aligned}\int \sin^n x\,dx &= -\cos x\sin^{n-1}x + (n-1)\int \sin^{n-2}x\cos^2 x\,dx \\ &= -\cos x\sin^{n-1}x + (n-1)\int \sin^{n-2}x\,(1-\sin^2 x)\,dx \\ &= -\cos x\sin^{n-1}x + (n-1)\int \sin^{n-2}x\,dx - (n-1)\int \sin^n x\,dx\end{aligned}$$

이다. 우변의 $(n-1)\int \sin^n x\,dx$를 좌변으로 옮기면

$$n\int \sin^n x\,dx = -\cos x\sin^{n-1}x + (n-1)\int \sin^{n-2}x\,dx$$

이고

$$\int \sin^n x\,dx = -\frac{1}{n}\cos x\sin^{n-1}x + \frac{n-1}{n}\int \sin^{n-2}x\,dx$$

와 같은 점화식을 얻는다. 마찬가지 방법으로

$$\int \cos^n x\,dx = \frac{1}{n}\sin x \cos^{n-1}x + \frac{n-1}{n}\int \cos^{n-2}x\,dx$$

를 얻을 수 있다.

예제 6.2.2 다음 부정적분을 구하여라.

(1) $\int \sin^3 x\,dx$ (2) $\int \cos^4 x\,dx$

풀이 (1) 공식에 의하여

$$\begin{aligned}\int \sin^3 x\,dx &= -\frac{1}{3}\cos x \sin^2 x + \frac{2}{3}\int \sin x\,dx \\ &= -\frac{1}{3}\cos x \sin^2 x - \frac{2}{3}\cos x + C\end{aligned}$$

(2) $\int \cos^n x\,dx$ 에 관한 공식을 쓰면

$$\begin{aligned}\int \cos^4 x\,dx &= \frac{1}{4}\sin x \cos^3 x + \frac{3}{4}\int \cos^2 x\,dx \\ &= \frac{1}{4}\sin x \cos^3 x + \frac{3}{4}\left(\frac{1}{2}x + \frac{1}{4}\sin 2x\right) + C \\ &= \frac{1}{4}\sin x \cos^3 x + \frac{3}{16}\sin 2x + \frac{3}{8}x + C\end{aligned}$$

양의 정수 m, n에 대하여 $\int \cos^m x \sin^n x\,dx$ 꼴의 적분에 대하여 살펴보자. 이 형태의 적분은 m, n이 짝수인가 홀수인가에 따라 그 풀이 방법이 달라진다.

예제 6.2.3 다음 부정적분을 구하여라.

(1) $\int \cos^2 x \sin^2 x\,dx$ (2) $\int \cos^2 x \sin^3 x\,dx$

풀이 (1) $\cos^2 x = 1 - \sin^2 x$를 대입하면

$$\begin{aligned}\int \cos^2 x \sin^2 x\,dx &= \int (-\sin^4 x + \sin^2 x)\,dx \\ &= \frac{1}{4}\sin^3 x \cos x + \frac{1}{4}\int \sin^2 x\,dx\end{aligned}$$

$$= \frac{1}{4}\sin^3 x\cos x - \frac{1}{16}\sin 2x + \frac{1}{8}x + C$$

(2) $\sin^2 x = 1 - \cos^2 x$를 대입하면

$$\begin{aligned}\int \cos^2 x \sin^3 x\, dx &= \int \cos^2 x(1-\cos^2 x)\sin x\, dx \\ &= \int (\cos^2 x - \cos^4 x)\sin x\, dx\end{aligned}$$

이다. 여기서 $t = \cos x$로 치환하면 위 식은

$$\int (t^4 - t^2)\, dt = \frac{1}{5}t^5 - \frac{1}{3}t^3 + C = \frac{1}{5}\cos^5 x - \frac{1}{3}\cos^3 x + C$$

$a^2 - x^2$, $a^2 + x^2$, $x^2 - a^2$, $a > 0$를 포함하는 식의 부정적분은 x를 삼각함수로 치환하여 계산하는 경우가 많다. 특히 $\sqrt{a^2 - x^2}$, $\sqrt{a^2 + x^2}$, $\sqrt{x^2 - a^2}$와 같이 근호를 포함하는 식의 경우에는 더욱 그렇다. 따라서 이러한 치환적분을 삼각치환이라 한다. 예를 들어, $a^2 - x^2$이 포함된 경우 $x = a\sin\theta$로 치환한다.

예제 6.2.4 부정적분 $\int \frac{1}{\sqrt{4 - x^2}}\, dx$를 구하여라.

풀이 $x = 2\sin\theta$라 하면 $\frac{dx}{d\theta} = 2\cos\theta$, 곧, $dx = 2\cos\theta\, d\theta$이므로

$$\begin{aligned}\int \frac{1}{\sqrt{4 - x^2}}\, dx &= \int \frac{1}{\sqrt{4 - 4\sin^2\theta}} 2\cos\theta\, d\theta \\ &= \int 1\, d\theta \\ &= \theta + C\end{aligned}$$

이다. $x = 2\sin\theta$로부터 θ를 구하면 $\theta = \arcsin\frac{x}{2}$이므로 부정적분의 값은 $\arcsin\frac{x}{2} + C$이다.

$a^2 + x^2$의 경우 $x = a\tan\theta$로 치환하고, $x^2 - a^2$의 경우 $x = a\sec\theta$로 치환한다.

예제 6.2.5 부정적분 $\int \frac{1}{4+x^2}dx$를 구하여라.

풀이 $x=2\tan\theta$라 하면 $\frac{dx}{d\theta}=2\sec^2\theta$, 곧, $dx=2\sec^2\theta\, d\theta$이므로

$$\begin{aligned}\int \frac{1}{4+x^2}dx &= \int \frac{1}{4+4\tan^2\theta}2\sec^2\theta\, d\theta \\ &= \frac{1}{2}\int 1\, d\theta \\ &= \frac{1}{2}\theta + C \\ &= \frac{1}{2}\arctan\frac{x}{2} + C\end{aligned}$$

유리함수는 분모, 분자가 다항식인 함수를 말한다. 곧, 다항식 $f(x)$와 $g(x)$에 대하여 $\frac{f(x)}{g(x)}$ 꼴의 함수이다. 유리함수의 부정적분에 대하여 간단히 알아보자.

(i) $f(x)$의 차수가 $g(x)$의 차수보다 작은 경우

$\frac{f(x)}{g(x)}$를 부분분수로 분해하여 적분한다. 부분분수 분해법은 복잡한 면이 없지 않으므로 자세한 설명은 생략하고 예제를 통하여 살펴보기로 한다.

예제 6.2.6 유리식 $\frac{x^3+x-1}{x^2(x^2+1)}$을 부분분수로 분해하고 부정적분 $\int \frac{x^3+x-1}{x^2(x^2+1)}dx$를 구하여라.

풀이 항등식

$$\frac{x^3+x-1}{x^2(x^2+1)} = \frac{a}{x} + \frac{b}{x^2} + \frac{cx+d}{x^2+1}$$

의 우변을 통분하면

$$\frac{x^3+x-1}{x^2(x^2+1)} = \frac{(a+c)x^3+(b+d)x^2+ax+b}{x^2(x^2+1)}$$

이다. 분자의 계수를 비교하면

$$a+c=1,\ b+d=0,\ a=1,\ b=-1$$

이고

$$a = 1,\ b = -1,\ c = 0,\ d = 1$$

를 얻는다. 따라서

$$\begin{aligned}\int \frac{x^3+x-1}{x^2(x^2+1)}\,dx &= \int\left(\frac{1}{x} - \frac{1}{x^2} + \frac{1}{x^2+1}\right)dx \\ &= \ln|x| + \frac{1}{x} + \arctan x + C\end{aligned}$$

(ii) $f(x)$의 차수가 $g(x)$의 차수보다 크거나 같은 경우

$f(x)$를 $g(x)$로 나누어 몫과 나머지를 구한다. 몫을 $q(x)$, 나머지를 $r(x)$라 하면

$$f(x) = g(x)q(x) + r(x)$$

이고 $r(x)$의 차수는 $g(x)$의 차수보다 작다. 따라서

$$\int \frac{f(x)}{g(x)}\,dx = \int q(x)\,dx + \int \frac{r(x)}{g(x)}\,dx$$

이고 (i)의 경우와 같이 계산할 수 있다.

예제 6.2.7 부정적분 $\displaystyle\int \frac{x^3+3x-1}{x^2+1}\,dx$를 구하여라.

풀이 x^3+3x-1을 x^2+1로 나누면 몫은 x이고 나머지는 $2x-1$이다. 따라서

$$\frac{x^3+3x-1}{x^2+1} = x + \frac{2x-1}{x^2+1}$$

이고

$$\begin{aligned}\int \frac{x^3+3x-1}{x^2+1}\,dx &= \int x\,dx + \int \frac{2x-1}{x^2+1}\,dx \\ &= \int x\,dx + \int \frac{2x}{x^2+1}\,dx - \int \frac{1}{x^2+1}\,dx \\ &= \frac{1}{2}x^2 + \ln(x^2+1) - \arctan x + C\end{aligned}$$

6.2 연 | 습 | 문 | 제

1 다음 부정적분을 구하여라.

(1) $\int x\cos x\,dx$ (2) $\int (x+1)\sin x\,dx$

(3) $\int (x-1)\cos x\,dx$ (4) $\int (2x-3)\sin x\,dx$

(5) $\int (x-1)\ln x\,dx$ (6) $\int (2x+3)\ln x\,dx$

(7) $\int 2xe^x\,dx$ (8) $\int (2x-1)e^x\,dx$

(9) $\int x^2e^x\,dx$ (10) $\int x^2\sin x\,dx$

(11) $\int \arctan x\,dx$ (12) $\int e^x\sin x\,dx$

(13) $\int \cos^3 x\,dx$ (14) $\int \sin^4 x\,dx$

(15) $\int \cos^2 x\sin x\,dx$ (16) $\int \cos x\sin^3 x\,dx$

(17) $\int \cos^3 x\sin^2 x\,dx$ (18) $\int \cos^3 x\sin^3 x\,dx$

2 삼각치환으로 다음 부정적분을 구하여라.

(1) $\int \sqrt{9-x^2}\,dx$ (2) $\int \frac{1}{\sqrt{9-x^2}}\,dx$

(3) $\int \frac{1}{(x^2+1)^2}\,dx$ (4) $\int \frac{1}{(x^2+1)^{\frac{3}{2}}}\,dx$

3 다음 유리함수의 부정적분을 구하여라.

(1) $\int \frac{1}{x^2-4}\,dx$ (2) $\int \frac{x^3}{x^2-1}\,dx$

(3) $\displaystyle\int \frac{1}{x(x^2-4)}\,dx$

(4) $\displaystyle\int \frac{x-2}{x(x-1)^2}\,dx$

(5) $\displaystyle\int \frac{x^2-2x+1}{x^2+1}\,dx$

(6) $\displaystyle\int \frac{x^3-2}{x^2+2x+2}\,dx$

6.3 정적분

영역의 넓이를 구하는 문제는 고대로부터 중요한 관심사 중 하나였다. 구간 $[a, b]$에서 함수 $y=f(x)$의 그래프와 x축 사이의 넓이를 구하기 위하여 다양한 시도를 해 왔으며 구분구적법이 그것을 구하는 방법 중 하나이다.

양의 값을 가지는 연속함수 f에 대하여 구분구적법을 적용해 보자(그림 6.1). 구간 $[a, b]$를 균등하게 n등분하여 각 소구간을 $[x_{i-1}, x_i]$라 하자. 소구간의 길이를 Δx라 하면 $\Delta x = \dfrac{b-a}{n}$이고 $x_i = a + i\Delta x$이다. 또,

$$x_0 = a,\ x_1 = a + \Delta x,\ \ldots,\ x_n = b$$

와 같이 주어진다. 소구간 $[x_{i-1}, x_i]$에 속하는 임의의 한 점 c_i에 대하여 밑변이 $[x_{i-1}, x_i]$이고 높이가 $f(c_i)$인 직사각형을 만들자. 이 직사각형들의 넓이의 합은 $\sum_{i=1}^{n} f(c_i)\Delta x$이며 구간 $[a, b]$에서 f의 리만합이라 한다. 리만합은 함수 $y=f(x)$의 그래프와 x축 사이의 넓이 A의 근삿값이다. 실제로 넓이 A는 다음과 같이 주어진다.

$$A = \lim_{n\to\infty} \sum_{i=1}^{n} f(c_i)\Delta x$$

이 값을 구간 $[a, b]$에서 함수 $f(x)$의 정적분으로 정의한다.

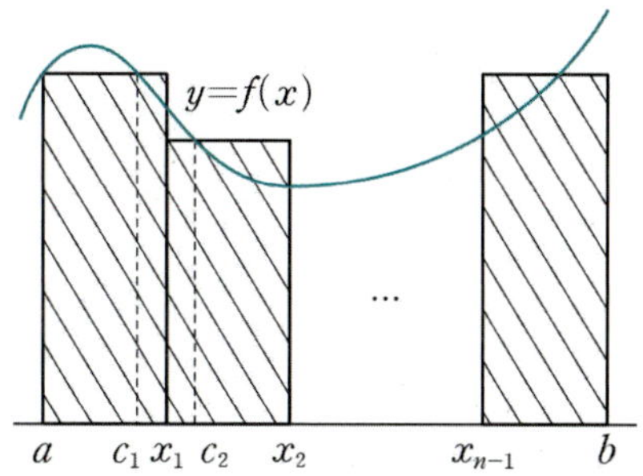

그림 6.1 구분구적법

정의 6.3.1

구간 $[a, b]$에서 정의된 함수 f에 대하여 극한값 $\lim_{n\to\infty}\sum_{i=1}^{n} f(c_i)\Delta x$가 존재하면 f는 구간 $[a, b]$에서 **적분가능**하다고 한다. 또, 이 극한값을 a로부터 b까지 f의 **정적분**, 또는 **적분**이라 하고 $\int_a^b f(x)\,dx$로 나타낸다. 다시 말하면

$$\int_a^b f(x)\,dx = \lim_{n\to\infty}\sum_{i=1}^{n} f(c_i)\Delta x$$

이다. 이때, 구간 $[a, b]$를 **적분 구간**이라 한다.

함수 f가 음의 값을 가지는 경우 $y = f(x)$의 그래프와 x축 사이의 넓이는

$$-\int_a^b f(x)\,dx$$

임을 알 수 있다.

예제 6.3.1 정적분 $\int_0^1 2x\,dx$를 구하여라.

풀이 구간 $[0, 1]$의 n등분점은

$$x_0 = 0,\ x_1 = \frac{1}{n},\ \cdots,\ x_{n-1} = \frac{n-1}{n},\ x_n = 1$$

이고 $\Delta x = \frac{1}{n}$이다(그림 6.2). $c_i = \frac{i}{n}$이라 하면 구간 $[0, 1]$에서 f의 리만 합은

$$\sum_{i=1}^{n} 2\frac{i}{n}\frac{1}{n} = \frac{2}{n^2}\sum_{i=1}^{n} i = \frac{n+1}{n}$$

이다. 따라서 정적분은

$$\int_0^1 2x\,dx = \lim_{n\to\infty}\frac{n+1}{n} = 1$$

이다.

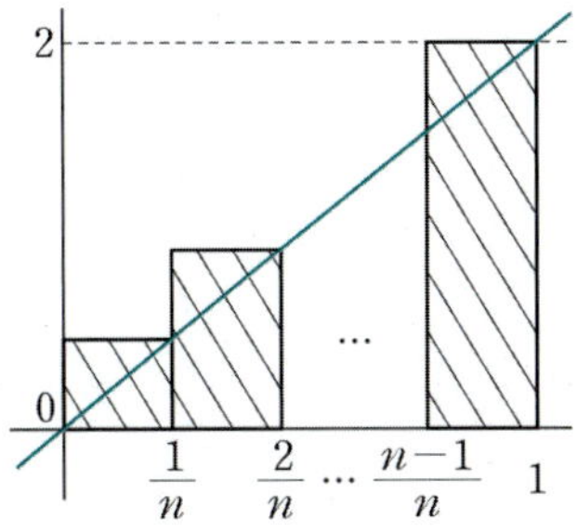

그림 6.2 $y = 2x$

정적분의 정의는 극한을 포함하고 있으므로 그 극한값이 존재하지 않는 경우도 있으며 이 경우 적분불가능하다고 한다(연습문제 참조). 일반적으로 우리가 다루는 함수는 대부분 적분가능하다. 다음 정리가 그것을 말해준다. 증명은 전문적인 내용을 포함하고 있으므로 여기서는 다루지 않는다.

정리 6.3.1

구간 $[a, b]$에서 정의된 연속함수는 적분가능하다.

적분의 일반적인 성질을 몇 가지 소개한다. 먼저 함수에 상수를 곱하거나 두 함수를 합하여 얻은 함수를 적분하는 방법을 알아본다.

정리 6.3.2

함수 f, g가 구간 $[a, b]$에서 적분가능하다고 하자. 임의의 실수 α, β에 대하여 다음 식이 성립한다.

$$\int_a^b (\alpha f(x) + \beta g(x))\,dx = \alpha \int_a^b f(x)\,dx + \beta \int_a^b g(x)\,dx$$

증명 구간 $[a, b]$의 n등분점을 $x_0, x_1, \cdots, x_n$이라 하고 c_i를 소구간 $[x_{i-1}, x_i]$의 임의의 점이라 하자. 정적분의 정의에 의하여

$$\begin{aligned}\int_a^b (\alpha f(x) + \beta g(x))\,dx &= \lim_{n\to\infty}\sum_{i=1}^{n}(\alpha f(c_i) + \beta g(c_i))\Delta x \\ &= \alpha \lim_{n\to\infty}\sum_{i=1}^{n} f(c_i)\Delta x + \beta \lim_{n\to\infty}\sum_{i=1}^{n} g(c_i)\Delta x\end{aligned}$$

$$= \alpha \int_a^b f(x)\,dx + \beta \int_a^b g(x)\,dx$$

가 성립한다.

다음 정리는 적분 구간의 변화에 관한 내용이며 매우 유용하게 사용된다. 증명은 독자에게 맡긴다.

정리 6.3.3

함수 f가 구간 $[a, b]$에서 적분가능하다고 하자. 임의의 실수 $c \in [a, b]$에 대하여 다음 식이 성립한다.

$$\int_a^b f(x)\,dx = \int_a^c f(x)\,dx + \int_c^b f(x)\,dx$$

$a = b$인 경우 구간 $[a, b]$는 한 점이다. 한 점에서 정의된 함수에 대하여 리만합을 구하면 그 값이 0임을 알 수 있다. 따라서

정리 6.3.4

$$\int_a^a f(x)\,dx = 0$$

정적분의 범위에 대하여 알아보자. 닫힌구간 $[a, b]$에서 연속인 함수는 최솟값과 최댓값을 가진다. 이 경우 정적분도 일정한 범위 안에 존재하게 된다.

정리 6.3.5

함수 f가 구간 $[a, b]$에서 적분가능하다고 하자. 임의의 $x \in [a, b]$에 대하여 $m \le f(x) \le M$이면

$$m(b-a) \le \int_a^b f(x)\,dx \le M(b-a)$$

이 성립한다.

증명 구간 $[a, b]$의 n등분점 $x_0, x_1, \cdots, x_n$에 관한 리만합은

$$m(b-a) = \sum_{i=1}^{n} m\Delta x \le \sum_{i=1}^{n} f(c_i)\Delta x \le \sum_{i=1}^{n} M\Delta x = M(b-a)$$

이다. 극한을 취해도 부등식은 변하지 않는다. 따라서 정리의 식을 얻는다.

위 정리는 함수 $y = f(x)$와 x축 사이의 넓이가 그림 6.3과 같이 높이 m인 직사각형의 넓이와 높이 M인 직사각형의 넓이 사이에 있음을 보여준다.

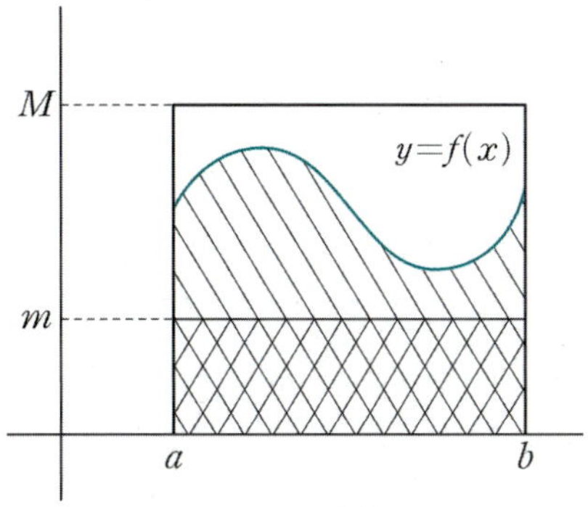

그림 6.3 $m \le f(x) \le M$

위 정리의 응용하여 다음 적분의 평균값 정리를 얻는다.

정리 6.3.6 적분의 평균값 정리

함수 f가 구간 $[a, b]$에서 연속이면

$$\int_a^b f(x)\,dx = f(c)(b-a)$$

을 만족하는 실수 $c \in [a, b]$가 존재한다.

증명 함수 f의 최솟값과 최댓값을 각각 m, M이라 하자. 정리 6.3.5에 의하여

$$m \le \frac{1}{b-a}\int_a^b f(x)\,dx \le M$$

이다. 함수 f가 구간 $[a, b]$에서 연속이므로 중간값 정리에 의하여

$$\frac{1}{b-a}\int_a^b f(x)\,dx = f(c)$$

를 만족하는 실수 $c \in [a,\ b]$가 존재한다. 양변에 $b-a$를 곱하여

$$\int_a^b f(x)\,dx = f(c)(b-a)$$

를 얻는다.

적분의 평균값 정리는 함수 $y=f(x)$와 x축 사이의 넓이가 그림 6.4와 같이 높이 $f(c)$인 직사각형의 넓이와 같음을 말해준다.

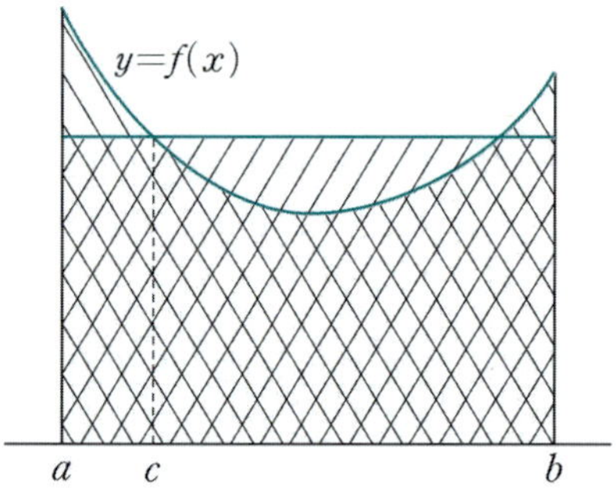

그림 6.4 넓이가 적분과 같은 직사각형

예제 6.3.2 구간 $[0,\ 1]$에서 $f(x)=2x$에 대한 적분의 평균값 정리를 만족하는 실수 c를 구하여라.

풀이 정리 6.3.6에서 $\int_0^1 2x\,dx = 1$을 얻었다. $f(c)(1-0)=1$을 풀면 $c=\frac{1}{2}$이다.

6.3 연습문제

1 다음 정적분을 구하여라.

(1) $\int_0^1 x\,dx$

(2) $\int_0^1 (2x+1)\,dx$

(3) $\int_{-1}^1 x^2\,dx$

(4) $\int_0^1 (x^2+x)\,dx$

(5) $\int_0^1 x^3\,dx$

(6) $\int_0^1 3x^2\,dx$

2 구간 $[-1,\ 1]$에서 x^2에 대한 적분의 평균값 정리를 만족하는 c를 구하여라.

6.4 미적분학의 기본 정리

구분구적법을 이용한 정적분의 계산은 매우 번거롭고 복잡하다. 이 과정을 단순화할 도구가 필요하며 미적분학의 기본 정리가 그것이다.

먼저, 정적분과 미분의 관계를 알아보자. 함수 f가 구간 $[a, b]$에서 연속이라 하자. 적분으로 정의된 함수

$$F(x) = \int_a^x f(t)\,dt$$

는 구간 $[a, b]$에서 정의된 함수이다. $F(x)$의 도함수를 구하여 보자.

$$\begin{aligned} F'(x) &= \lim_{h\to 0} \frac{F(x+h) - F(x)}{h} \\ &= \lim_{h\to 0} \frac{\int_a^{x+h} f(x)\,dx - \int_a^x f(x)\,dx}{h} \\ &= \lim_{h\to 0} \frac{\int_x^{x+h} f(x)\,dx}{h} \end{aligned}$$

이고 적분의 평균값 정리에 의하여

$$\int_x^{x+h} f(x)\,dx = hf(c), \quad c \in [x,\ x+h]$$

인 c가 존재한다. 여기서 $h \to 0$이면 $x+h \to x$이므로 $c \to x$이다. 함수 f가 연속이므로

$$F'(x) = \lim_{h\to 0} f(c) = f(x)$$

이다. 따라서 다음 정리를 얻는다.

정리 6.4.1

함수 f가 구간 $[a, b]$에서 연속이면 함수

$$F(x) = \int_a^x f(t)\,dt$$

는 열린구간 (a, b)에서 미분가능하고 도함수는 $F'(x) = f(x)$이다.

예제 6.4.1 함수 $F(x)=\int_0^x e^{t^2}\,dt$에 대하여 $F'(x)$를 구하여라.

풀이 정리 6.4.1에 의하여 $F'(x)=e^{x^2}$이다.

이제 이 절의 중심 주제인 미적분학의 기본 정리에 대하여 알아보자.

정리 6.4.2 미적분학의 기본 정리

함수 f가 구간 $[a, b]$에서 연속이고 F가 f의 역도함수이면

$$\int_a^b f(x)\,dx = F(b)-F(a)$$

이다.

증명 함수 G를

$$G(x)=\int_a^x f(t)\,dt$$

라 하자. $G'(x)=f(x)$이므로 G는 f의 역도함수이다. 함수 F 역시 f의 역도함수이므로 $G(x)=F(x)+C$인 상수 C가 존재한다. $x=a$를 대입하면 $C=G(a)-F(a)=-F(a)$를 얻고, 따라서

$$\int_a^x f(t)\,dt = F(x)-F(a)$$

임을 알 수 있다. $x=b$를 대입하면 위 정리를 얻는다.

정적분 $\int_a^b f(x)\,dx$의 값 $F(b)-F(a)$를 $F(x)|_a^b$ 또는 $[F(x)]_a^b$로 나타내기도 한다.

예제 6.4.2 다음 정적분을 구하여라.

(1) $\int_0^1 x\,dx$ (2) $\int_0^2 (x^2-1)\,dx$

(3) $\int_{-1}^1 e^x\,dx$ (4) $\int_{-\frac{\pi}{6}}^{\frac{\pi}{6}} \sin x\,dx$

풀이 (1) $\left(\frac{1}{2}x^2\right)' = x$이므로

$$\int_0^1 x\,dx = \frac{1}{2}x^2\Big|_0^1 = \frac{1}{2} - 0 = \frac{1}{2}$$

(2) $\left(\frac{1}{3}x^3 - x\right)' = x^2 - 1$이므로

$$\int_0^2 (x^2-1)\,dx = \left[\frac{1}{3}x^3 - x\right]_0^2 = \left(\frac{8}{3} - 2\right) - 0 = \frac{2}{3}$$

(3) e^x의 역도함수는 e^x이므로

$$\int_{-1}^1 e^x\,dx = e^x\Big|_{-1}^1 = e - \frac{1}{e}$$

(4) $\sin x$의 역도함수는 $-\cos x$이므로

$$\int_{-\frac{\pi}{6}}^{\frac{\pi}{6}} \sin x\,dx = -\cos x\Big|_{-\frac{\pi}{6}}^{\frac{\pi}{6}} = -\cos\frac{\pi}{6} + \cos\left(-\frac{\pi}{6}\right) = 0$$

6.4 연습문제

1 다음 함수의 도함수를 구하여라.

(1) $\int_0^x t\sin t^3\,dt$　　(2) $\int_1^x \ln(t^2+t+4)\,dt$

(3) $\int_0^{2x} \cos t^3\,dt$　　(4) $\int_0^{x^2} e^{t^2+1}\,dt$

2 다음 정적분을 구하여라.

(1) $\int_{-1}^1 5\,dx$　　(2) $\int_0^1 (3x+2)\,dx$

(3) $\int_0^3 (3x-2)\,dx$　　(4) $\int_0^2 3x^2\,dx$

(5) $\int_{-1}^1 x^3\,dx$　　(6) $\int_1^2 (x^3-x^2)\,dx$

(7) $\int_1^2 \sqrt{x}\,dx$　　(8) $\int_0^1 \sqrt[3]{x}\,dx$

(9) $\int_0^1 (2x+\sqrt{x})\,dx$　　(10) $\int_0^1 (x^2+\sqrt{x})\,dx$

(11) $\int_0^2 (\sqrt[3]{x}-2\sqrt[3]{x^2})\,dx$　　(12) $\int_1^8 \frac{\sqrt[3]{x}+1}{\sqrt[3]{x}}\,dx$

(13) $\int_0^2 e^x\,dx$　　(14) $\int_0^1 \frac{1+e^x}{e^x}\,dx$

(15) $\int_0^1 2^x\,dx$　　(16) $\int_{-1}^1 2^{-x}\,dx$

(17) $\int_0^{e-1} \frac{1}{x+1}\,dx$　　(18) $\int_0^2 \frac{2}{2x+1}\,dx$

(19) $\int_0^\pi \sin x\,dx$　　(20) $\int_0^\pi \cos x\,dx$

(21) $\int_0^{\frac{\pi}{4}} \sec^2 x\,dx$　　(22) $\int_0^{\frac{\pi}{4}} \sec x\tan x\,dx$

6.5 정적분의 계산

앞 절에서 미적분학의 기본 정리를 도입하여 정적분의 계산을 단순화하는 방법에 대하여 알아보았다. 이 절에서는 미적분학의 기본 정리가 6.2절에 소개된 치환적분과 부분적분에서 어떻게 적용되는지 알아보자.

6.1절에서 부정적분의 치환적분이

$$\int F'(g(x))g'(x)\,dx = F(g(x)) + C$$

임을 알아보았다. 따라서 정적분은

$$\begin{aligned}\int_a^b F'(g(x))g'(x)\,dx &= F(g(x))\Big|_a^b \\ &= F(g(b)) - F(g(a))\end{aligned}$$

와 같이 나타난다.

정리 6.5.1 치환적분

두 함수 $F(x)$, $g(x)$가 열린구간 $(a,\ b)$에서 미분가능하고 닫힌구간 $[a,\ b]$에서 연속이면

$$\int_a^b F'(g(x))g'(x)\,dx = F(g(b)) - F(g(a))$$

이다.

예제 6.5.1 다음 정적분을 구하여라.

(1) $\displaystyle\int_0^1 (x^2+1)^4 \cdot 2x\,dx$ (2) $\displaystyle\int_0^{\sqrt{\pi}} \sin x^2 \cdot 2x\,dx$

풀이 (1) $F(x) = \dfrac{1}{5}x^5$, $g(x) = x^2+1$이라 하면

$$\int_0^1 (x^2+1)^4 \cdot 2x\,dx = \int_0^1 F'(g(x))g'(x)\,dx = F(g(1)) - F(g(0))$$

$$= \frac{1}{5}(2^5 - 1^5) = \frac{31}{5}$$

(2) $F(x) = -\cos x$, $g(x) = x^2$이라 하면

$$\int_0^{\sqrt{\pi}} \sin x^2 \cdot 2x\,dx = \int_0^{\sqrt{\pi}} F'(g(x))g'(x)\,dx$$
$$= -\cos\pi + \cos 0 = 2$$

위에 주어진 치환적분 공식을 다시 살펴보자. $F'(x) = f(x)$라 하면

$$\int_{g(a)}^{g(b)} f(u)\,du = F(g(b)) - F(g(a))$$

가 되어 $\int_a^b F'(g(x))g'(x)\,dx$와 같은 값을 얻을 수 있다. 곧, $u = g(x)$, $du = g'(x)dx$라 치환하고 적분구간을 $[g(a), g(b)]$로 선택한 것과 같다.

정리 6.5.2 치환적분

함수 $f(x)$가 구간 $[a, b]$에서 연속이고 $g(x)$가 구간 (a, b)에서 미분가능하고 닫힌구간 $[a, b]$에서 연속이면

$$\int_a^b f(g(x))g'(x)\,dx = \int_{g(a)}^{g(b)} f(u)\,du$$

이다.

위 정리에서 $u = g(x)$, $du = g'(x)\,dx$이다. 또, $x = a$이면 $u = g(a)$, $x = b$이면 $u = g(b)$임을 알 수 있다. 이와 같은 계산법은 정적분의 치환적분을 계산하기 쉽게 해준다. 다음 예제를 보자.

예제 6.5.2 다음 정적분을 구하여라.

(1) $\int_0^1 x(x^2+1)^5\,dx$ (2) $\int_{-1}^0 3x^2(x^3+2)^5\,dx$

(3) $\int_0^1 x\,e^{x^2}\,dx$ (4) $\int_0^{\frac{\pi}{4}} \sec^2 x \tan x\,dx$

풀이 (1) $u = x^2 + 1$이라 하면 $du = 2x\,dx$이다. $x = 0$이면 $u = 1$, $x = 1$이면 $u = 2$이므로

$$\int_0^1 x(x^2+1)^5\,dx = \frac{1}{2}\int_1^2 u^5\,du = \frac{1}{12}u^6\Big|_1^2 = \frac{21}{4}$$

(2) $u = x^3 + 2$이라 하면 $du = 3x^2\,dx$이다. $x = -1$이면 $u = 1$, $x = 0$이면 $u = 2$이므로

$$\int_{-1}^0 3x^2(x^3+2)^5\,dx = \int_1^2 u^5\,du = \frac{1}{6}(3^6 - 1^6) = \frac{21}{2}$$

(3) $u = x^2$이라 하면 $du = 2x\,dx$이다. $x = 0$이면 $u = 0$, $x = 1$이면 $u = 1$이므로

$$\int_0^1 x e^{x^2}\,dx = \frac{1}{2}\int_0^1 e^u\,du = \frac{1}{2}e^u\Big|_0^1 = \frac{1}{2}(e-1)$$

(4) $u = \tan x$라 하면 $du = \sec^2 x\,dx$이다. $x = 0$이면 $u = 0$, $x = \frac{\pi}{4}$이면 $u = 1$이므로

$$\int_0^{\frac{\pi}{4}} \sec^2 x \tan x\,dx = \int_0^1 u\,du = \frac{1}{2}u^2\Big|_0^1 = \frac{1}{2}$$

간단한 삼각치환의 정적분에 대하여 알아보자. 삼각치환법은 $1 - x^2$꼴을 포함하는 적분에서는 $x = \sin\theta$로 치환하고 $1 + x^2$꼴을 포함하는 적분에서는 $x = \tan\theta$로 치환하는 방법임을 6.2절에서 설명하였다.

예제 6.5.3 정적분 $\int_0^1 \frac{1}{\sqrt{1-x^2}}dx$을 구하여라.

풀이 $x = \sin\theta\left(\frac{\pi}{-2} \le \theta \le \frac{\pi}{2}\right)$라 하면 $dx = \cos\theta\,d\theta$이다, $x = 0$이면 $\theta = 0$, $x = 1$이면 $\theta = \frac{\pi}{2}$이므로

$$\int_0^1 \frac{1}{\sqrt{1-x^2}}\,dx = \int_0^{\frac{\pi}{2}} \frac{1}{\sqrt{1-\sin^2 x}}\cos\theta\,d\theta = \int_0^{\frac{\pi}{2}} 1\,d\theta = \frac{\pi}{2}$$

정적분의 부분적분에 대하여 알아보자. 부정적분의 부분적분은

$$\int f'(x)g(x)\,dx = f(x)g(x) - \int f(x)g'(x)\,dx$$

와 같이 주어지므로 적분 구간을 정해주면 된다. 따라서 다음 식을 얻는다.

정리 6.5.3 부분적분

두 함수 $f(x)$, $g(x)$가 열린구간 (a, b)에서 미분가능하면

$$\int_a^b f'(x)g(x)\,dx = f(x)g(x)\Big|_a^b - \int_a^b f(x)g'(x)\,dx$$

이다. 여기서 $u = f(x)$, $v = g(x)$라 하면

$$\int_a^b u'v\,dx = uv\Big|_a^b - \int_a^b uv'\,dx$$

가 성립한다.

위 정리에서 f와 g의 역할을 바꾸면

$$\int_a^b f(x)g'(x)\,dx = f(x)g(x)\Big|_a^b - \int_a^b f'(x)g(x)\,dx$$

이다. $u = f(x)$, $v = g(x)$라 하면

$$\int_a^b uv'\,dx = uv\Big|_a^b - \int_a^b u'v\,dx$$

를 얻는다.

예제 6.5.4 다음 정적분을 구하여라.

(1) $\displaystyle\int_0^1 x e^x\,dx$ (2) $\displaystyle\int_0^{\frac{\pi}{3}} x\sin x\,dx$

풀이 (1) $u = x$, $v' = e^x$라 하고 부분적분법을 쓰자. $u' = 1$, $v = e^x$이므로

$$\int_0^1 x e^x dx = \int_0^1 uv' dx = uv \Big|_0^1 - \int_0^1 u' v dx = x e^x \Big|_0^1 - \int_0^1 e^x dx$$

$$= \left[x e^x - e^x \right]_0^1 = 1$$

(2) $u = x$, $v' = \sin x$ 라 하면 $u' = 1$, $v = -\cos x$ 이므로

$$\int_0^{\frac{\pi}{3}} x \sin x \, dx = -x \cos x \Big|_0^{\frac{\pi}{3}} - \int_0^{\frac{\pi}{3}} (-\cos x) dx$$

$$= \left[-x \cos x + \sin x \right]_0^{\frac{\pi}{3}} = -\frac{\pi}{6} + \frac{\sqrt{3}}{2}$$

6.5 연 | 습 | 문 | 제

1 다음 정적분을 구하여라.

(1) $\int_{1}^{\sqrt{2}} x(x^2-2)^5\,dx$ (2) $\int_{1}^{2} x(x^2-1)^3\,dx$

(3) $\int_{0}^{1} 3x^2(x^3+1)^3\,dx$ (4) $\int_{0}^{1} \frac{6x^2}{(2x^3+1)^3}\,dx$

(5) $\int_{1}^{4} \frac{(\sqrt{x}+1)^3}{2\sqrt{x}}\,dx$ (6) $\int_{1}^{4} \frac{(\sqrt{x}-1)^4}{\sqrt{x}}\,dx$

(7) $\int_{0}^{2} \frac{x^2}{x^3+1}\,dx$ (8) $\int_{0}^{\sqrt{e-1}} \frac{x}{x^2+1}\,dx$

(9) $\int_{0}^{1} \frac{e^x}{e^x+1}\,dx$ (10) $\int_{-1}^{0} \frac{e^{-x}}{e^{-x}+1}\,dx$

(11) $\int_{-\frac{\pi}{4}}^{\frac{\pi}{4}} \tan x\,dx$ (12) $\int_{0}^{\frac{\pi}{4}} \sec^2 x\,(\tan x+1)dx$

(13) $\int_{0}^{\frac{\pi}{2}} (\sin x+1)^3\cos x\,dx$ (14) $\int_{0}^{1} \sqrt{1-x^2}\,dx$

(15) $\int_{0}^{1} \frac{1}{\sqrt{4-x^2}}\,dx$ (16) $\int_{0}^{3} \frac{1}{(9+x^2)^2}\,dx$

(17) $\int_{0}^{\frac{\pi}{4}} x\cos x\,dx$ (18) $\int_{0}^{\frac{\pi}{6}} (x+1)\sin x\,dx$

(19) $\int_{1}^{e} \ln x\,dx$ (20) $\int_{1}^{e} x\ln x\,dx$

(21) $\int_{0}^{\ln 2} xe^x\,dx$ (22) $\int_{0}^{\pi} e^x\sin x\,dx$

(23) $\int_{0}^{\frac{\pi}{2}} \cos^3 x\,dx$ (24) $\int_{0}^{\frac{\pi}{4}} \cos^2 x\sin x\,dx$

2 다음 유리함수의 정적분을 구하여라.

(1) $\displaystyle\int_2^3 \frac{1}{x^2-1}\,dx$

(2) $\displaystyle\int_2^3 \frac{x^3}{x^2-1}\,dx$

(3) $\displaystyle\int_2^4 \frac{1}{x(x^2-1)}\,dx$

(4) $\displaystyle\int_0^1 \frac{x^3}{(x^2+2)}\,dx$

6.6 특이적분

정적분은 유계인 닫힌구간에서 리만합이 수렴할 때 정의된다. 이 절에서는 유계가 아닌 구간에서 정의된 함수와 유계가 아닌 함수의 정적분에 대하여 알아보고자 한다. 이러한 적분을 **특이적분**이라 한다.

정의 6.6.1

연속함수 f의 특이적분을 다음과 같이 정의한다.

(a) 함수 f가 구간 $[a, \infty)$에서 정의된 경우

$$\int_a^{\infty} f(x)\,dx = \lim_{b\to\infty}\int_a^b f(x)\,dx$$

(b) 함수 f가 구간 $(-\infty, b]$에서 정의된 경우

$$\int_{-\infty}^{b} f(x)\,dx = \lim_{a\to-\infty}\int_a^b f(x)\,dx$$

(c) 함수 f가 구간 $(-\infty, \infty)$에서 정의된 경우

$$\int_{-\infty}^{\infty} f(x)\,dx = \int_{-\infty}^{c} f(x)\,dx + \int_c^{\infty} f(x)\,dx,\ c\text{는 임의의 실수}$$

위 극한값이 수렴하면 특이적분은 **수렴**한다고 하고 그렇지 않으면 **발산**한다고 한다.

위 정의의 (c)에서 c는 어떤 실수를 선택하여도 결과에는 변함이 없다. 또, (a), (b)를 적용하여 (c)를 다시 표현하면 다음과 같다.

$$\int_{-\infty}^{\infty} f(x)\,dx = \lim_{a\to-\infty}\int_a^c f(x)\,dx + \lim_{b\to\infty}\int_c^b f(x)\,dx$$

예제 6.6.1 다음 특이적분을 구하여라.

(1) $\displaystyle\int_1^{\infty}\frac{1}{\sqrt{x}}\,dx$　　　(2) $\displaystyle\int_{-\infty}^{0} e^x\,dx$

풀이 (1) $1 < b$인 b에 대하여

$$\int_1^b \frac{1}{\sqrt{x}}\,dx = 2\sqrt{x}\,\Big|_1^b = 2\sqrt{b} - 2$$

이므로

$$\int_1^\infty \frac{1}{\sqrt{x}}\,dx = \lim_{b\to\infty}(2\sqrt{b} - 2) = \infty$$

가 되어 특이적분은 발산한다.

(2) 정의 6.6.1(b)를 사용하여 계산하자.

$$\int_{-\infty}^0 e^x\,dx = \lim_{a\to-\infty}\int_a^0 e^x\,dx = \lim_{a\to-\infty} e^x\Big|_a^0 = \lim_{a\to-\infty}(1 - e^a) = 1$$

예제 6.6.2 특이적분 $\displaystyle\int_{-\infty}^\infty \frac{1}{1+x^2}\,dx$ 를 구하여라.

풀이 정의 6.6.1(c)에서 실수 c는 임의의 값이므로 여기서는 $c = 0$으로 선택하여 계산한다.

$$\begin{aligned}\int_{-\infty}^\infty \frac{1}{1+x^2}\,dx &= \lim_{a\to-\infty}\int_a^0 \frac{1}{1+x^2}\,dx + \lim_{b\to\infty}\int_0^b \frac{1}{1+x^2}\,dx \\ &= \lim_{a\to-\infty}(-\arctan a) + \lim_{b\to\infty}(\arctan b) \\ &= \frac{\pi}{2} + \frac{\pi}{2} = \pi\end{aligned}$$

함수 f가 구간 $[a, b)$에서 정의된 유계인 연속함수이면 $f(b) = \lim_{x\to b-} f(x)$로 정의하여 f를 닫힌구간 $[a, b]$에서 연속인 함수로 볼 수 있다. 따라서 정적분 $\int_a^b f(x)\,dx$를 구할 수 있다. 함수 f가 유계가 아닌 연속함수이면 $\lim_{x\to b-} f(x)$는 발산한다. 이 경우 정적분 $\int_a^b f(x)\,dx$는 다음과 같이 정의된다.

정의 6.6.2

연속함수 f의 특이적분을 다음과 같이 정의한다.

(a) 함수 f가 구간 $[a, b)$에서 정의된 경우

$$\int_a^b f(x)\,dx = \lim_{t\to b-}\int_a^t f(x)\,dx$$

(b) 함수 f가 구간 $(a, b]$에서 정의된 경우

$$\int_a^b f(x)\,dx = \lim_{t\to a+}\int_t^b f(x)\,dx$$

위 극한값이 수렴하면 특이적분은 수렴한다고 하고 그렇지 않으면 발산한다고 한다.

예제 6.6.3 특이적분 $\displaystyle\int_1^2 \frac{1}{\sqrt{x-1}}\,dx$ 를 구하여라.

풀이 $y = \dfrac{1}{\sqrt{x-1}}$ 은 $(1, 2]$에서 연속인 함수이다(그림 6.5). 따라서

$$\int_1^2 \frac{1}{\sqrt{x-1}}\,dx = \lim_{t\to 1+}\int_t^2 (x-1)^{-\frac{1}{2}}\,dx = \lim_{t\to 1+} 2(x-1)^{\frac{1}{2}}\Big|_t^2$$
$$= \lim_{t\to 1+}(2-2\sqrt{t-1}) = 2$$

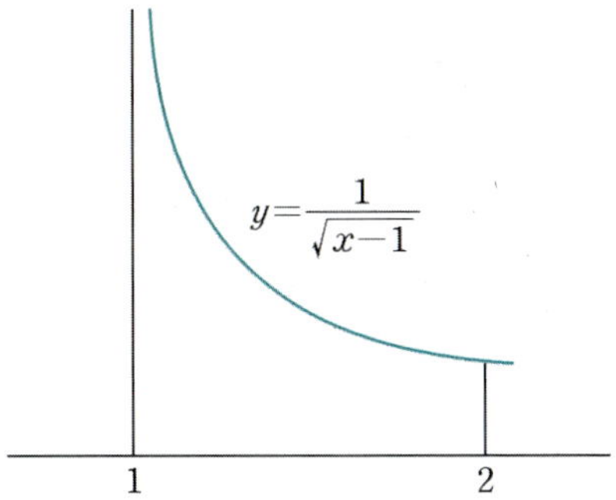

그림 6.5 $y = \dfrac{1}{\sqrt{x-1}}$ 의 그래프

예제 6.6.4 다음 특이적분의 수렴·발산을 판정하여라.

(1) $\displaystyle\int_0^1 x^{-2}\,dx$　　　(2) $\displaystyle\int_0^1 x^{-\frac{1}{2}}\,dx$

풀이 (1) 피적분함수는 $(0, 1]$에서 연속인 함수이다.

$$\int_0^1 x^{-2}\,dx = \lim_{t\to 0+}\int_t^1 x^{-2}\,dx = \lim_{t\to 0+}\left(\frac{1}{t}-1\right) = \infty$$

이므로 특이적분은 발산한다.

(2) 마찬가지 방법으로

$$\int_0^1 x^{-\frac{1}{2}}\,dx = \lim_{t\to 0+}\int_t^1 x^{-\frac{1}{2}}\,dx = \lim_{t\to 0+}(2-2\sqrt{t}) = 2$$

이 수렴함을 알 수 있다.

6.6 연습문제

1 다음 특이적분을 구하여라.

(1) $\int_1^{\infty} x^{-\frac{1}{2}}\,dx$

(2) $\int_1^{\infty} x^{-\frac{1}{3}}\,dx$

(3) $\int_1^{\infty} x^{-2}\,dx$

(4) $\int_1^{\infty} x^{-3}\,dx$

(5) $\int_0^{1} x^{-\frac{4}{3}}\,dx$

(6) $\int_1^{\infty} x^{-\frac{4}{3}}\,dx$

(7) $\int_0^{1} x^{-\frac{3}{4}}\,dx$

(8) $\int_1^{\infty} x^{-\frac{3}{4}}\,dx$

(9) $\int_0^{1} x^{-1}\,dx$

(10) $\int_1^{\infty} x^{-1}\,dx$

(11) $\int_0^{\infty} e^{-x}\,dx$

(12) $\int_{-\infty}^{\infty} e^{-x}\,dx$

(13) $\int_{-\infty}^{0} xe^{-x^2}\,dx$

(14) $\int_0^{1} \frac{1}{\sqrt{1-x^2}}\,dx$

2 특이적분 $\int_0^1 x^k\,dx$, k는 실수의 수렴·발산을 판정하여라.

3 특이적분 $\int_1^{\infty} x^k\,dx$, k는 실수의 수렴·발산을 판정하여라.

4 특이적분 $\int_0^{\infty} \sin x\,dx$의 수렴·발산을 판정하여라.

6.7 정적분의 응용

이 절에서는 정적분의 응용으로 영역의 넓이, 입체의 부피, 호의 길이 등을 구하는 방법에 대하여 알아본다.

구간 $[a, b]$에서 연속인 양의 함수의 그래프와 x축 사이의 넓이는 정적분으로 표현됨을 설명하였다. 다양한 영역의 넓이를 계산해 보자.

예제 6.7.1 구간 $[0, 2]$에서 $y = x^2$의 그래프와 x축 사이의 넓이를 구하여라.

풀이 그림 6.6과 같이 주어진 구간에서 x^2이 양수이므로 넓이는

$$\int_0^2 x^2\,dx = \frac{1}{3}x^3\Big|_0^2 = \frac{8}{3}$$

이다.

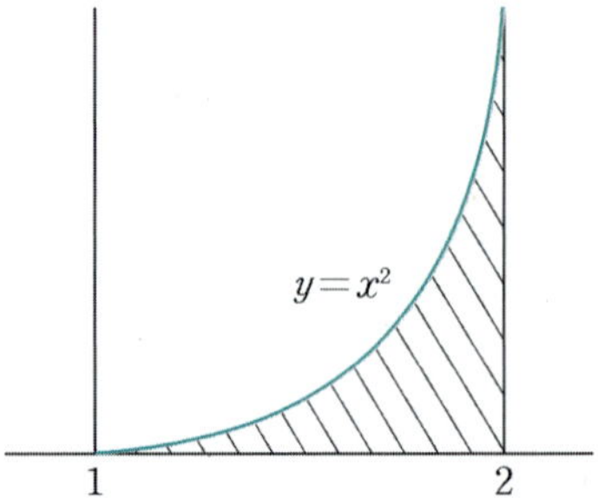

그림 6.6 $y = x^2$의 그래프

일반적으로, 구간 $[a, b]$에서 곡선 $y = f(x)$와 x축 사이의 넓이 A는

$$A = \int_a^b |f(x)|\,dx$$

로 주어진다. 곧, $f(x) \geq 0$인 구간에서는 $f(x)$를 적분하고 $f(x) \leq 0$인 구간에서는 $-f(x)$를 적분한다.

예제 6.7.2 구간 $[-1, 1]$에서 $y = x^3$의 그래프와 x축 사이의 넓이를 구하여라.

풀이 $[-1, 0]$에서 $x^3 \le 0$이고 $[0, 1]$에서 $x^3 \ge 0$이므로

$$\begin{aligned}\int_{-1}^{1} |x^3|\, dx &= \int_{-1}^{0} -x^3\, dx + \int_{0}^{1} x^3\, dx \\ &= -\frac{1}{4}x^4 \Big|_{-1}^{0} + \frac{1}{4}x^4 \Big|_{0}^{1} \\ &= \frac{1}{4} + \frac{1}{4} = \frac{1}{2}\end{aligned}$$

구간 $[a, b]$에서 두 곡선 $y = f(x)$와 $y = g(x)$ 사이의 넓이 A는

$$A = \int_{a}^{b} |f(x) - g(x)|\, dx$$

와 같이 주어진다(그림 6.7).

특히, 구간 $[a, b]$에서 $f(x) \ge g(x)$이면 $A = \int_{a}^{b} (f(x) - g(x))\, dx$임을 알 수 있다.

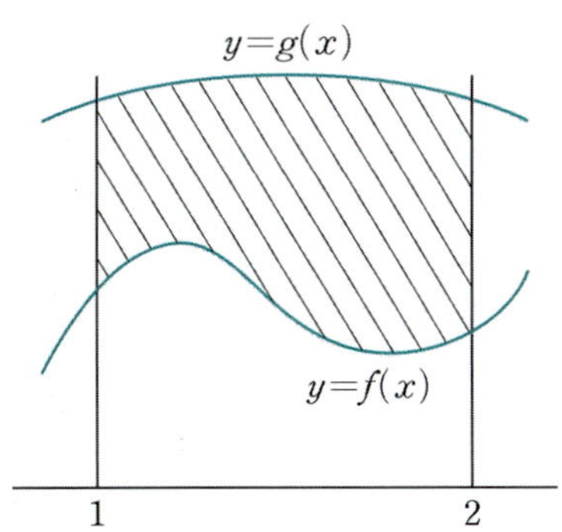

그림 6.7 두 곡선 사이의 넓이

예제 6.7.3 두 곡선 $y = x$와 $y = x^2$으로 둘러싸인 영역의 넓이를 구하여라.

풀이 두 곡선은 $x = 0$, $x = 1$에서 만나고 구간 $[0, 1]$에서 $x \ge x^2$이다(그림 6.8). 따라서 넓이 A는

$$A = \int_{0}^{1} (x - x^2)\, dx = \left[\frac{1}{2}x^2 - \frac{1}{3}x^3\right]_{0}^{1} = \frac{1}{6}$$

과 같다.

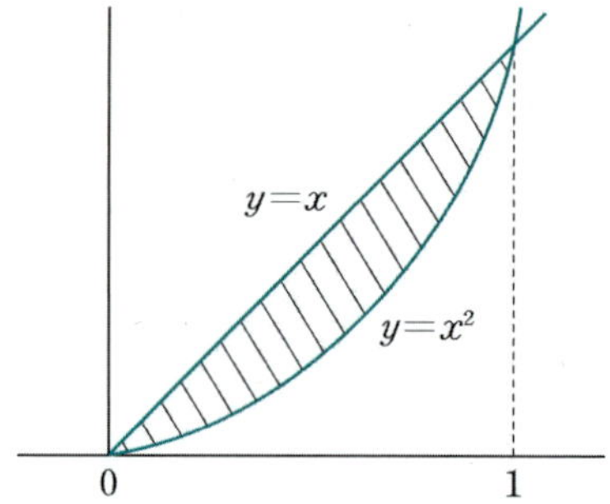

그림 6.8 $y=x$와 $y=x^2$로 둘러싸인 영역

예제 6.7.4 구간 $\left[\frac{\pi}{4}, \frac{5\pi}{4}\right]$에서 두 곡선 $y=\cos x$와 $y=\sin x$로 둘러싸인 영역의 넓이를 구하여라.

풀이 구간 $\left[\frac{\pi}{4}, \frac{5\pi}{4}\right]$에서 $\sin x \geq \cos x$이므로 주어진 영역의 넓이는

$$\int_{\frac{\pi}{4}}^{\frac{5\pi}{4}} (\sin x - \cos x)\,dx = [-\cos x - \sin x]_{\frac{\pi}{4}}^{\frac{5\pi}{4}}$$
$$= \left(\frac{1}{\sqrt{2}}+\frac{1}{\sqrt{2}}\right)-\left(-\frac{1}{\sqrt{2}}-\frac{1}{\sqrt{2}}\right)$$
$$= 2\sqrt{2}$$

공간에서 일정한 형태를 갖는 입체의 부피를 구하는 방법을 알아보자. 공간에 놓인 입체를 x축에 수직인 평면으로 절단한 단면의 넓이가 $S(x)$, $a \leq x \leq b$라 하자(그림 6.9). 이 입체의 부피 V는 다음과 같다.

$$V=\int_a^b S(x)\,dx$$

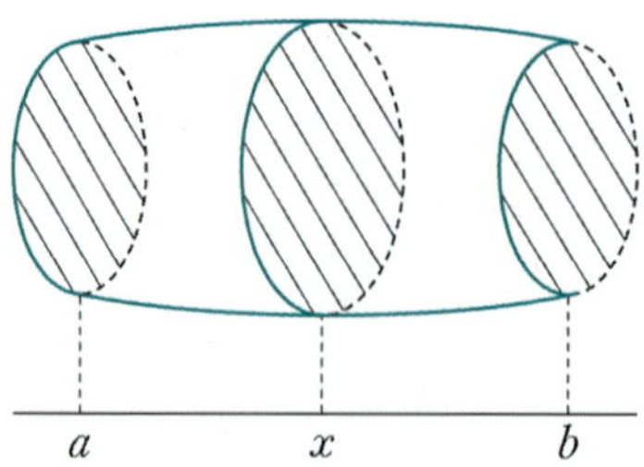

그림 6.9 단면의 넓이가 $S(x)$인 입체

예제 6.7.5 x축에 수직인 평면으로 절단한 단면의 넓이가 $4-x^2$, $-2 \le x \le 2$인 입체의 부피를 구하여라.

풀이 단면의 넓이가 $4-x^2$이므로 입체의 부피는

$$\int_{-2}^{2}(4-x^2)\,dx = \left[4x-\frac{1}{3}x^3\right]_{-2}^{2} = \frac{32}{3}$$

공간의 입체 중 부피의 계산이 비교적 간단한 형태로 나타나는 것이 **회전체**이다. 구간 $[a, b]$에서 정의된 연속함수 f의 그래프와 x축 사이의 영역을 x축을 중심으로 회전하여 얻어지는 **회전체의 부피** V를 구하자. 이 회전체를 x축에 수직인 평면으로 절단하여 얻어지는 단면은 반지름이 $|f(x)|$인 원이므로

$$V = \int_a^b \pi f(x)^2\,dx$$

임을 알 수 있다.

예제 6.7.6 $y=\sin x$, $0 \le x \le \pi$와 x축 사이의 영역을 x축을 중심으로 회전하여 얻어지는 회전체의 부피를 구하여라.

풀이 회전체의 부피 공식에 의하여

$$\int_0^{\pi} \pi \sin^2 x\,dx = \pi\int_0^{\pi}\frac{1-\cos 2x}{2}\,dx = \pi\left[\frac{x}{2}-\frac{\sin 2x}{4}\right]_0^{\pi} = \frac{\pi^2}{2}$$

를 얻는다.

예제 6.7.7 밑면의 반지름이 r이고 높이가 h인 원뿔의 부피를 구하여라.

풀이 주어진 원뿔은 직선 $y=\frac{r}{h}x$, $0 \le x \le h$를 x축을 중심으로 회전하여 얻어진다. 따라서 그 부피는 다음과 같다.

$$\int_0^h \pi\left(\frac{r}{h}x\right)^2 dx = \frac{\pi r^2}{h^2}\frac{1}{3}x^3\Big|_0^h = \frac{\pi r^2 h}{3}$$

f가 구간 $[a, b]$에서 미분가능하고 도함수가 연속인 함수라 하자. f의 그래프 $y=f(x)$로 주어지는 **곡선의 길이** L은

$$L=\int_a^b \sqrt{1+f'(x)^2}\,dx=\int_a^b \sqrt{1+\left(\frac{dy}{dx}\right)^2}\,dx$$

로 주어진다.

예제 6.7.8 반지름 1인 원의 둘레의 길이를 구하여라.

풀이 반지름 1인 원 $x^2+y^2=1$의 둘레의 길이를 L이라 하자. 위쪽 반원의 식은 $y=\sqrt{1-x^2}$이고 $\dfrac{dy}{dx}=-\dfrac{x}{\sqrt{1-x^2}}$이므로

$$\begin{aligned}L&=4\int_0^1 \sqrt{1+\left(-\frac{x}{\sqrt{1-x^2}}\right)^2}\,dx\\&=4\int_0^1 \frac{1}{\sqrt{1-x^2}}\,dx\end{aligned}$$

이다. $x=\sin\theta$라 치환하면 $dx=\cos\theta\, d\theta$이다. $x=0$일 때 $\theta=0$이고 $x=1$일 때 $\theta=\dfrac{\pi}{2}$이므로

$$L=4\int_0^{\frac{\pi}{2}} 1\, d\theta=2\pi$$

를 얻는다.

물체의 운동에 정적분을 적용해보자. x축 위를 움직이는 물체의 시간 t일 때 위치를 $s(t)$, 속도를 $v(t)$라 하면 $v(t)=s'(t)$이다. 시간 $t=a$에서 $t=b$까지 물체의 위치의 변화는 $s(b)-s(a)$이고 이 값은 $\int_a^b v(t)\,dt$와 같다. 또, 이 시간 동안 물체가 움직인 거리는 $\int_a^b |v(t)|\,dt$로 주어진다.

예제 6.7.9 x축 위를 움직이는 물체의 시간 t일 때 속도가 $6(t^2-t)$이다. 이 물체가 $t=0$일 때 $x=0$에서 출발하였다고 한다. $t=0$에서 $t=3$까지 이 물체의 위치의 변화를 구하여라. 또, 같은 시간 동안 이 물체가 움직인 거리를 구하여라.

풀이 시간 t일 때 주어진 물체의 위치를 $s(t)$라 하면 처음 3초 동안 이 물체의 위

치의 변화는 다음과 같다.

$$s(3)-s(0)=\int_0^3 6(t^2-t)\,dt=\left[2t^3-3t^2\right]_0^3=27$$

이 시간 동안 물체가 움직인 거리는 $\int_0^3 |6(t^2-t)|\,dt$이다. $6(t^2-t)$은 $0 \le t < 1$에서 음수이고 $1 < t \le 3$에서 양수이므로

$$\begin{aligned}\int_0^3 |6(t^2-t)|\,dt &= \int_0^1 -6(t^2-t)\,dt+\int_1^3 6(t^2-t)\,dt \\ &= \left[-2t^3+3t^2\right]_0^1+\left[2t^3-3t^2\right]_1^3 \\ &= 1+27+1=29\end{aligned}$$

이다.

6.7 연습문제

1 다음 영역의 넓이를 구하여라.

(1) 곡선 $y = x^2 - 1$과 x축으로 둘러싸인 영역

(2) 곡선 $y = x^2$과 직선 $y = 1$로 둘러싸인 영역

(3) 곡선 $y = e^x$, $0 \le x \le 1$과 x축 사이의 영역

(4) 곡선 $y = \dfrac{1}{x^2}$, $1 \le x \le \infty$와 x축 사이의 영역

(5) 두 곡선 $y = \cos x$, $y = \sin x$, $\dfrac{\pi}{4} \le x \le \dfrac{5\pi}{4}$로 둘러싸인 영역

(6) 직선 $y = x$와 곡선 $y = x^3$으로 둘러싸인 영역

2 x축에 수직인 평면으로 절단한 단면의 넓이가 $\sqrt{x}$, $1 \le x \le 4$인 입체의 부피를 구하여라.

3 다음 회전체의 부피를 구하여라.

(1) 직선 $y = x$, $1 \le x \le 2$를 x축을 중심으로 회전한 입체

(2) 곡선 $y = \sin x$, $0 \le x \le \pi$를 x축을 중심으로 회전한 입체

(3) 곡선 $y = \sqrt{x}\, e^x$, $0 \le x \le 1$을 x축을 중심으로 회전한 입체

(4) 곡선 $y = \dfrac{1}{1+x^2}$, $0 \le x \le 1$을 x축을 중심으로 회전한 입체

4 $t = 0$일 때 원점을 출발하여 x축 위를 속도 $v(t) = 3t + 2$로 움직이는 물체가 있다.

(1) 시간 t일 때 이 물체의 위치를 구하여라.

(2) 이 물체가 $t = 1$에서 $t = 2$까지 움직인 거리를 구하여라.

제 7 장
급수

이 단원에서는 급수를 공부하면서 극한의 개념을 완성한다. 1절에서는 수열에 관한 극한정리를 소개하고 수열의 수렴·발산을 조사한다. 2절에서는 급수의 수렴·발산을 집중적으로 다룬다. 여러 가지 수렴·발산 판정법을 소개하며, 이 판정법에 의하여 급수의 부분합을 구하지 않고도 수렴과 발산을 판정할 수 있다. 또한 거듭제곱급수의 수렴반경을 구하고, 주어진 무한 미분가능한 함수를 테일러급수 또는 매클로린급수로 전개하는 방법을 배운다.

7.1 급수

수열 $\{a_n\}$의 첫 n항의 합

$$s_n = a_1 + \cdots + a_n$$

을 부분합이라 한다. 이 부분합들의 수열 $\{s_n\}$을 무한급수(infinite series) 또는 급수라 하고

$$\sum_{n=1}^{\infty} a_n = a_1 + a_2 + \cdots$$

으로 나타낸다. 이때, a_1, a_2, $\cdots$를 급수의 항이라 한다.

일반항이 $a_n = n$으로 주어지는 수열의 부분합은

$$s_n = 1 + \cdots + n = \frac{n(n+1)}{2}$$

으로 주어진다. 따라서 무한급수 $\sum_{n=1}^{\infty} n$은 일반항이 $\frac{n(n+1)}{2}$인 수열이다.

부분합의 수열 s_n이 수렴하면 급수 $\sum_{n=1}^{\infty} a_n$이 수렴한다고 하고, 그렇지 않으면 발산한다고 한다. 부분합의 수열이 s에 수렴하면 s를 급수 $\sum_{n=1}^{\infty} a_n$의 극한 또는 극한값이라 하고

$$\sum_{n=1}^{\infty} a_n = s$$

로 나타낸다.

예제 7.1.1 다음 급수 $\sum_{n=1}^{\infty} \frac{1}{n(n+1)}$의 극한값을 구하여라.

풀이 등식 $\frac{1}{n(n+1)} = \frac{1}{n} - \frac{1}{n+1}$을 이용한다.

$$s_n = \sum_{k=1}^{n} \frac{1}{k(k+1)}$$

$$= \frac{1}{1 \cdot 2} + \frac{1}{2 \cdot 3} + \cdots + \frac{1}{n(n+1)}$$

$$= \left(1 - \frac{1}{2}\right) + \left(\frac{1}{2} - \frac{1}{3}\right) + \cdots \left(\frac{1}{n} - \frac{1}{n+1}\right) = 1 - \frac{1}{n+1}$$

따라서 극한값은 $\lim_{n \to \infty} s_n = \lim_{n \to \infty} \left(1 - \frac{1}{n+1}\right) = 1$이다.

등비수열은 흔히 기하수열로도 불린다. 각 항이 기하수열을 이루는 무한급수를 기하급수라 한다.

예제 7.1.2 $|r| < 1$일 때 기하급수 $\sum_{n=1}^{\infty} a r^{n-1}$의 극한값을 구하여라.

풀이 부분합

$$s_n = a + ar + \cdots + ar^{n-1}$$

의 양변에 r을 곱하면

$$rs_n = ar + ar^2 + \cdots + ar^n$$

이다. 두 식 s_n과 rs_n의 차를 계산하면

$$s_n - rs_n = a - ar^n$$

이다. 여기서 s_n을 구하면

$$s_n = \frac{a(1-r^n)}{1-r}$$

와 같다. $|r| < 1$이므로 $r^n \to 0$이고 $\lim_{n \to \infty} s_n = \frac{a}{1-r}$이다.

예제 7.1.3 다음 순환소수를 분수로 나타내어라.

(1) $0.333\cdots$ (2) $0.2323\cdots$

풀이 (1) $0.333\cdots$의 각 자리를 분리하면

$$0.333\cdots = 0.3 + 0.03 + 0.003 + \cdots$$

$$= \frac{3}{10} + \frac{3}{10^2} + \frac{3}{10^3} + \cdots$$

이다. n항은 $\frac{3}{10^n}=\frac{3}{10}\left(\frac{1}{10}\right)^{n-1}$ 이므로

$$0.333\cdots=\sum_{n=1}^{\infty}\frac{3}{10}\left(\frac{1}{10}\right)^{n-1}=\frac{\frac{3}{10}}{1-\frac{1}{10}}=\frac{1}{3}$$

이다.

(2) $0.2323\cdots$는 $\frac{23}{100^n}$꼴로 분리되므로

$$0.2323\cdots=\sum_{n=1}^{\infty}\frac{23}{100}\left(\frac{1}{100}\right)^{n-1}=\frac{\frac{23}{100}}{1-\frac{1}{100}}=\frac{23}{99}$$

을 얻는다.

수렴하는 급수의 일반항은 0에 수렴해야 한다. 이 사실은 급수의 발산을 판정하는 데 유용하게 쓰인다. 그 역은 성립하지 않는다.

정리 7.1.1 발산판정법

수열 $\{a_n\}$이 0에 수렴하지 않으면 급수 $\sum_{n=1}^{\infty} a_n$은 발산한다.

예제 7.1.4 $a \neq 0$이고 $|r|>1$일 때 기하급수 $\sum_{n=1}^{\infty} ar^{n-1}$이 발산함을 보여라.

풀이 $|r|>1$이므로 모든 자연수 n에 대하여 $|a| \leq |ar^{n-1}|$이 성립한다. 따라서 수열 $\{ar^{n-1}\}$은 0에 수렴할 수 없다. 발산판정법에 의하여 $\sum_{n=1}^{\infty} ar^{n-1}$은 발산한다.

양항급수는 모든 항이 양수인 급수를 말한다. 양항급수는 그 수렴·발산을 판정할 수 있는 다양한 방법이 존재한다. 몇 가지 방법을 소개한다.

적분판정법은 적분을 이용하여 급수의 수렴·발산을 판정하는 방법이다.

정리 7.1.2 적분판정법

함수 $f:[1,\infty)\to(0,\infty)$가 연속인 감소함수라 하고 $a_n=f(n)$이라 하자. 양항급수 $\sum_{n=1}^{n} a_n$이 수렴하기 위한 필요충분조건은 특이적분 $\int_1^\infty f(x)dx$가 수렴하는 것이다.

위 정리에서 양항급수가 수렴하기 위한 필요충분조건은 특이적분이 수렴하는 것이므로, 양항급수가 발산하기 위한 필요충분조건도 특이적분이 발산하는 것임을 알 수 있다.

예제 7.1.5 다음 급수의 수렴·발산을 판정하여라.

(1) $\sum_{n=1}^{\infty}\frac{1}{n}$ (2) $\sum_{n=1}^{\infty}\frac{1}{n^2}$

풀이 (1) $f(x)=\frac{1}{x}$라 하면 $f(n)=\frac{1}{n}$이다. $f(x)$가 연속인 감소함수이므로 적분판정법을 사용할 수 있다.

$$\int_1^\infty \frac{1}{x}dx=\lim_{t\to\infty}\int_1^t \frac{1}{x}dx=\lim_{t\to\infty}\ln t=\infty$$

이므로 $\sum_{n=1}^{\infty}\frac{1}{n}$은 발산한다.

(2) $f(x)=\frac{1}{x^2}$라 하면 $f(n)=\frac{1}{n^2}$이다.

$$\int_1^\infty \frac{1}{x^2}dx=\lim_{t\to\infty}\int_1^t \frac{1}{x^2}dx=\lim_{t\to\infty}\left(1-\frac{1}{t}\right)=1$$

$f(x)$가 연속인 감소함수이므로 적분판정법을 쓰면 $\sum_{n=1}^{\infty}\frac{1}{n^2}$은 수렴한다.

비교판정법은 수렴하거나 발산하는 급수와 비교하여 수렴·발산을 판정하는 방법이다.

정리 7.1.3 비교판정법

$\sum_{n=1}^{\infty} a_n$, $\sum_{n=1}^{n} b_n$을 양항급수라 하자. 모든 n에 대하여 $b_n \geq a_n$이면 다음이 성립한다.

(1) $\sum_{n=1}^{\infty} b_n$이 수렴하면 $\sum_{n=1}^{\infty} a_n$도 수렴한다.

(2) $\sum_{n=1}^{\infty} a_n$이 발산하면 $\sum_{n=1}^{\infty} b_n$도 발산한다.

두 급수 $\sum_{n=1}^{\infty} \frac{1}{n}$과 $\sum_{n=1}^{n} \frac{1}{n^2}$는 비교판정법에 자주 사용된다.

예제 7.1.6 비교판정법을 사용하여 다음 급수의 수렴·발산을 조사하여라.

(1) $\sum_{n=1}^{\infty} \frac{1}{2n^2+n}$ (2) $\sum_{n=1}^{\infty} \frac{2n+1}{3n^2-n}$

풀이 (1) 급수의 일반항은

$$\frac{1}{2n^2+n} < \frac{1}{2n^2}$$

을 만족한다. $\frac{1}{2}\sum_{n=1}^{\infty} \frac{1}{n^2}$이 수렴하므로 주어진 급수도 수렴한다.

(2) 급수의 일반항은

$$\frac{2n+1}{3n^2-n} > \frac{2n}{3n^2} = \frac{2}{3}\frac{1}{n}$$

을 만족한다. 급수 $\sum_{n=1}^{\infty} \frac{1}{n}$이 발산하므로 주어진 급수도 발산한다.

정리 7.1.4 극한 비교판정법

두 양항급수 $\sum_{n=1}^{\infty} a_n$, $\sum_{n=1}^{\infty} b_n$에 대하여 극한

$$\lim_{n\to\infty} \frac{a_n}{b_n} = L$$

이라고 하자. $L > 0$이면 두 급수는 모두 수렴하거나 모두 발산한다.

예제 7.1.7 다음 급수의 수렴·발산을 조사하여라.

(1) $\sum_{n=1}^{\infty} \frac{\sqrt{n+2}}{n\sqrt{n}}$　　　(2) $\sum_{n=1}^{\infty} \frac{5}{2^n - 2n}$

풀이 (1) $\sum_{n=1}^{\infty} \frac{1}{n}$과 극한을 비교하자.

$$\frac{\dfrac{\sqrt{n+2}}{n\sqrt{n}}}{\dfrac{1}{n}} = \sqrt{\frac{n+2}{n}} \to 1$$

이고 $\sum_{n=1}^{\infty} \frac{1}{n}$이 발산하므로 $\sum_{n=1}^{\infty} \frac{\sqrt{n+2}}{n\sqrt{n}}$도 발산한다.

(2) $\sum_{n=1}^{\infty} \frac{1}{2^n}$과 극한을 비교하면

$$\frac{\dfrac{5}{2^n - 2n}}{\dfrac{1}{2^n}} = \frac{5}{1 - \dfrac{2n}{2^n}} \to 5$$

이다. 급수 $\sum_{n=1}^{\infty} \frac{1}{2^n}$이 수렴하므로 주어진 급수도 수렴한다.

무한급수 $\sum_{n=1}^{\infty} a_n$에 대하여 $\sum_{n=1}^{\infty} |a_n|$이 수렴하면 $\sum_{n=1}^{\infty} a_n$는 **절대수렴**한다고 한다. 급수의 항 a_n이 모두 0이 아니면 $\sum_{n=1}^{\infty} |a_n|$이 양항급수가 되므로 다양한 판정법을 쓸 수 있다.

정리 7.1.5

절대수렴하는 급수는 수렴한다. 곧, $\sum_{n=1}^{\infty}|a_n|$이 수렴하면 $\sum_{n=1}^{\infty}a_n$은 수렴한다.

예제 7.1.8 다음 급수 $\sum_{n=1}^{\infty}(-1)^n\frac{1}{n^2}$이 수렴함을 보여라.

풀이 급수가 절대수렴하는지 알아보자.

$$\sum_{n=1}^{\infty}\left|(-1)^n\frac{1}{n^2}\right| = \sum_{n=1}^{\infty}\frac{1}{n^2}$$

이므로 주어진 급수는 절대수렴한다. 따라서 주어진 급수는 수렴한다.

각 항에 양수와 음수가 번갈아가며 나타나는 급수를 교대급수라 한다. 교대급수 $\sum_{n=1}^{\infty}a_n$에 대하여 $\sum_{n=1}^{\infty}|a_n|$는 양항급수가 된다.

정리 7.1.6

$\lim_{n\to\infty}a_n = 0$이면 교대급수 $\sum_{n=1}^{\infty}a_n$은 수렴한다.

예제 7.1.9 다음 교대급수 $\sum_{n=1}^{\infty}(-1)^{n-1}\frac{1}{n}$의 수렴·발산을 조사하여라.

풀이 $\lim_{n\to\infty}(-1)^{n-1}\frac{1}{n} = 0$이므로 주어진 급수는 수렴한다.

비율판정법은 무한등비급수의 판정법을 일반화한 것이다.

정리 7.1.7 비율판정법

급수 $\sum_{n=1}^{\infty} a_n$에 대하여 $\rho = \lim_{n \to \infty} \left| \frac{a_{n+1}}{a_n} \right|$이라 하자.

(1) $\rho < 1$이면 이 급수는 절대수렴한다.

(2) $\rho = 1$이면 이 방법으로는 수렴·발산을 판정할 수 없다.

(3) $\rho > 1$ 또는 $\rho = \infty$이면 이 급수는 발산한다.

무한등비급수에 비율판정법을 적용하면 이 판정법의 의미를 파악할 수 있다. 정리에 주어진 급수는 공비 ρ인 등비급수와 유사한 면이 있다.

예제 7.1.10 비율판정법을 사용하여 다음 급수의 수렴·발산을 조사하여라.

(1) $\sum_{n=1}^{\infty} \frac{3^n}{n!}$ (2) $\sum_{n=1}^{\infty} \frac{(n+1)!}{10^{2n}}$

풀이 (1) $\frac{3^n}{n!}$이 양수이므로

$$\lim_{n \to \infty} \frac{\frac{3^{n+1}}{(n+1)!}}{\frac{3^n}{n!}} = \lim_{n \to \infty} \frac{3}{n+1} = 0 < 1$$

이다. 따라서 주어진 급수는 수렴한다.

(2) 마찬가지 방법으로

$$\lim_{n \to \infty} \frac{\frac{(n+2)!}{10^{2n+2}}}{\frac{(n+1)!}{10^{2n}}} = \lim_{n \to \infty} \frac{n+2}{10^2} = \infty$$

이므로 주어진 급수는 발산한다.

7.1 연 습 문 제

1 다음 순환소수를 분수로 나타내어라.

(1) $0.131313\cdots$

(2) $2.3454545\cdots$

2 다음 급수의 수렴·발산을 판정하여라.

(1) $\displaystyle\sum_{n=2}^{\infty}\frac{1}{n\ln n}$

(2) $\displaystyle\sum_{n=2}^{\infty}\frac{1}{\ln n}$

(3) $\displaystyle\sum_{n=1}^{\infty}\frac{1}{n^2+n}$

(4) $\displaystyle\sum_{n=1}^{\infty}\frac{1}{2n+1}$

(5) $\displaystyle\sum_{n=1}^{\infty}\frac{1}{3^n-n}$

(6) $\displaystyle\sum_{n=1}^{\infty}\frac{\sqrt{n+1}}{n\sqrt{n}}$

(7) $\displaystyle\sum_{n=1}^{\infty}\sin\frac{\pi}{n}$

(8) $\displaystyle\sum_{n=1}^{\infty}\frac{\sqrt{n}}{3n+6}$

(9) $\displaystyle\sum_{n=1}^{\infty}\frac{\sqrt{n}}{3n^2+6}$

(10) $\displaystyle\sum_{n=1}^{\infty}\sin\frac{2\pi}{n^2}$

(11) $\displaystyle\sum_{n=1}^{\infty}\frac{2^n}{n!}$

(12) $\displaystyle\sum_{n=1}^{\infty}\frac{n!}{10^{5n}}$

(13) $\displaystyle\sum_{n=1}^{\infty}\frac{n}{2^n}$

(14) $\displaystyle\sum_{n=1}^{\infty}\frac{n!}{2^{n^2}}$

(15) $\displaystyle\sum_{n=1}^{\infty}\frac{n}{2^n(n+1)}$

(16) $\displaystyle\sum_{n=1}^{\infty}\frac{1}{\sqrt{n(n+1)}}$

3 p-급수 $\displaystyle\sum_{n=1}^{\infty}\frac{1}{n^p}$는 $p>1$일 때 수렴하고 $p\le 1$일 때 발산함을 보여라.

7.2 거듭제곱급수

실수 c, a_n과 미지수 x에 대하여

$$\sum_{n=0}^{\infty} a_n (x-c)^n = a_0 + a_1(x-c) + a_2(x-c)^2 + \cdots$$

와 같은 형태의 급수를 거듭제곱급수(power series)라 한다.

거듭제곱급수는 미지수 x에 대입하는 값에 따라 달라진다. 따라서 거듭제곱급수의 수렴·발산은 x의 값에 의하여 결정된다. $c=0$이고 a_n이 모두 1인 거듭제곱급수

$$\sum_{n=0}^{\infty} x^n$$

을 생각해보자. 이 급수는 등비급수이므로 $-1<x<1$이면 수렴하고 $x<-1$이거나 $x>1$이면 발산한다. 또, $x=-1$이거나 $x=1$이어도 발산한다. 이와 같이 거듭제곱급수가 수렴하는 범위를 구할 수 있다.

예제 7.2.1 다음 거듭제곱급수가 수렴하는 x의 범위를 구하여라.

(1) $\displaystyle\sum_{n=1}^{\infty} \frac{1}{n} x^n$ (2) $\displaystyle\sum_{n=1}^{\infty} \frac{1}{n^2} (x-1)^n$

풀이 (1) 비율판정법을 적용하자.

$$\lim_{n\to\infty} \left| \frac{\dfrac{1}{n+1} x^{n+1}}{\dfrac{1}{n} x^n} \right| = \lim_{n\to\infty} \frac{n}{n+1} |x| = |x|$$

따라서 주어진 거듭제곱급수는 $|x|<1$이면 수렴하고 $|x|>1$이면 발산한다.

$x=-1$이면 거듭제곱급수는 $\displaystyle\sum_{n=1}^{\infty} (-1)^n \frac{1}{n}$이다. 이 급수는 교대급수이고 $\displaystyle\lim_{n\to\infty} \frac{1}{n} = 0$이므로 수렴한다. $x=1$이면 $\displaystyle\sum_{n=1}^{\infty} \frac{1}{n}$이 되어 발산한다.

수렴하는 x의 범위는 $[-1, 1)$이다.

(2) 마찬가지 방법으로

$$\lim_{n\to\infty}\left|\frac{\frac{1}{(n+1)^2}(x-1)^{n+1}}{\frac{1}{n^2}(x-1)^n}\right| = \lim_{n\to\infty}\frac{n^2}{(n+1)^2}|x-1| = |x-1|$$

를 얻는다. 따라서 주어진 거듭제곱급수는 $|x-1|<1$이면 수렴하고 $|x-1|>1$이면 발산한다. $x=0$이면 거듭제곱급수는 $\sum_{n=1}^{\infty}(-1)^n\frac{1}{n^2}$, $x=2$이면 $\sum_{n=1}^{\infty}\frac{1}{n^2}$이 되어 수렴한다. 수렴하는 x의 범위는 $[0, 2]$이다.

거듭제곱급수 $\sum_{n=0}^{\infty}a_nx^n$이 $|x|<r$인 x에 대하여 수렴하고 $|x|>r$인 x에 대하여 발산할 때 r을 그 급수의 **수렴반경**(radius of convergence)이라 한다. 거듭제곱급수가 모든 x에 대하여 수렴하면 수렴반경은 무한이라고 한다. 또, 모든 $x\neq 0$에 대하여 발산하면 수렴반경은 0이라 한다. 거듭제곱급수가 수렴하는 x의 집합을 **수렴구간**(interval of convertgence)이라 한다.

거듭제곱급수 $\sum_{n=0}^{\infty}x^n$의 수렴반경은 1이고 수렴구간은 $(-1, 1)$이다. 또, $\sum_{n=1}^{\infty}\frac{1}{n}x^n$의 수렴반경은 1이고 수렴구간은 $[-1, 1)$이다.

예제 7.2.2 다음 거듭제곱급수의 수렴반경과 수렴구간을 구하여라.

(1) $\sum_{n=1}^{\infty}\frac{3^n}{n^2}x^n$　　(2) $\sum_{n=0}^{\infty}\frac{x^n}{n!}$

풀이 (1) 비율판정법을 쓰면

$$\lim_{n\to\infty}\left|\frac{\frac{3^{n+1}}{(n+1)^2}x^{n+1}}{\frac{3^n}{n^2}x^n}\right| = \lim_{n\to\infty}\frac{3n^2}{(n+1)^2}|x| = 3|x|$$

이므로 $|x|<\frac{1}{3}$이면 수렴하고 $|x|>\frac{1}{3}$이면 발산한다. 따라서 수렴반경은 $\frac{1}{3}$이다. $x=-\frac{1}{3}$을 대입하면 $\sum_{n=1}^{\infty}(-1)^n\frac{1}{n^2}$, $x=\frac{1}{3}$을 대입하

면 $\sum_{n=1}^{\infty}\frac{1}{n^2}$이 되어 둘 다 수렴한다. 따라서 수렴구간은 $\left[-\frac{1}{3}, \frac{1}{3}\right]$이다.

(2) 마찬가지 방법으로

$$\lim_{n\to\infty}\left|\frac{\frac{1}{(n+1)!}x^{n+1}}{\frac{1}{n!}x^n}\right| = \lim_{n\to\infty}\frac{1}{(n+1)}|x| = 0$$

이므로 주어진 거듭제곱급수는 모든 x에 대하여 수렴한다. 따라서 수렴반경은 ∞이고 수렴구간은 실수 전체의 집합이다.

7.2 연습문제

1 다음 거듭제곱급수의 수렴 반경과 수렴 구간을 구하여라.

(1) $\sum_{n=0}^{\infty}(-1)^n x^n$

(2) $\sum_{n=1}^{\infty}\frac{1}{\sqrt{n}}x^n$

(3) $\sum_{n=1}^{\infty}\frac{n+1}{n}x^n$

(4) $\sum_{n=0}^{\infty}\frac{n}{n+1}x^n$

(5) $\sum_{n=0}^{\infty}n x^n$

(6) $\sum_{n=0}^{\infty}\frac{4^n}{n!}x^n$

(7) $\sum_{n=1}^{\infty}n^n x^n$

(8) $\sum_{n=0}^{\infty}\frac{(-1)^n}{2^n}x^n$

(9) $\sum_{n=0}^{\infty}\frac{(-1)^n}{3^n}x^{2n}$

(10) $\sum_{n=0}^{\infty}e^n x^{2n}$

7.3 테일러 급수

함수의 값을 계산할 때는 다항식으로 근사시키는 경우가 많다. 예를 들어 π나 e는 초월수로서 그 값을 정확히 계산하는 것은 불가능하다. 이들의 근삿값은 특정한 다항식에 특정한 값을 대입하여 구한다.

이 절에서는 미분가능한 함수를 근사시키는 다항식에 대하여 알아본다.

함수 f가 실수 c를 포함하는 열린구간 (a, b)에서 $n+1$번 미분가능하고 그 도함수들이 모두 연속이라 하자. 다항식

$$p_n(x) = f(c) + f'(c)(x-c) + \cdots + f^{(n)}(c)\frac{(x-c)^n}{n!}$$

를 $x=c$에서 $f(x)$의 n차 테일러 다항식(Taylor polynomial)이라 한다. $f^{(0)} = f$, $0! = 1$이라 하면 테일러 다항식은

$$p_n(x) = \sum_{k=0}^{n} \frac{f^{(k)}(c)}{k!}(x-c)^k$$

와 같이 적을 수 있다.

예제 7.3.1 $x=0$에서 $f(x) = \sin x$의 3차 테일러 다항식을 구하여라.

풀이 f의 k계 도함수 $f^{(k)}$와 그 도함수의 $x=0$에서의 값은

k	0	1	2	3
$f^{(k)}(x)$	$\sin x$	$\cos x$	$-\sin x$	$-\cos x$
$f^{(k)}(0)$	0	1	0	-1

이다. 따라서 3차 테일러 다항식 $p_3(x)$는

$$\begin{aligned} p_3(x) &= f(0) + f'(0)x + \frac{f''(0)}{2}x^2 + \frac{f'''(0)}{3!}x^3 \\ &= x - \frac{1}{6}x^3 \end{aligned}$$

이다.

정리 7.3.1

함수 f가 실수 c를 포함하는 열린구간 (a, b)에서 $n+1$번 미분가능하고 그 도함수들이 모두 연속이라 하자. $x=c$에서 $f(x)$의 n차 테일러 다항식을 $p_n(x)$라 하면

$$f(x) = p_n(x) + \int_c^x f^{(n+1)}(t)\frac{(t-c)^n}{n!}\,dt$$

이다.

증명 미적분학의 기본 정리에 의하여

$$f(x) = f(c) + \int_c^x f'(t)\,dt$$

가 성립한다. 부분적분을 시행하기 위하여 $u'=1$, $v=f'(t)$라 하면 $u=t-c$, $v'=f''(t)$이다. 따라서

$$\begin{aligned} f(x) &= f(c) + \int_c^x f'(t)\,dt \\ &= f(c) + f'(c)(x-c) + \int_c^x f''(t)(t-c)\,dt \end{aligned}$$

를 얻는다. 이와 같은 과정을 반복하면

$$\begin{aligned} f(x) &= f(c) + f'(c)(x-c) + \cdots \\ &\quad + f^{(n)}(c)\frac{(x-c)^n}{n!} + \int_c^x f^{(n+1)}(t)\frac{(t-c)^n}{n!}\,dt \end{aligned}$$

를 얻을 수 있다.

테일러 다항식은 함수의 근삿값을 제공한다. $f(x)$의 근삿값을 $p_n(x)$라 하면 오차는

$$\int_c^x f^{(n+1)}(t)\frac{(t-c)^n}{n!}\,dt$$

로 주어진다. $f^{(n+1)}(t)$가 연속이므로 적분 구간에서 최댓값과 최솟값을 가진다.

$$\left|f^{(n+1)}(t)\right| \le M$$

이라 하면

$$\begin{aligned}\left|\int_c^x f^{(n+1)}(t)\frac{(t-c)^n}{n!}\,dt\right| &\le \int_c^x \left|f^{(n+1)}(t)\right|\frac{|t-c|^n}{n!}\,dt \\ &\le M\int_c^x \frac{|t-c|^n}{n!}\,dt \\ &\le M\frac{|x-c|^{n+1}}{(n+1)!}\end{aligned}$$

를 얻을 수 있다.

예제 7.3.2 $x=0$에서 $f(x)=e^x$의 3차 테일러 다항식으로 e의 근삿값을 구하여라. 오차는 얼마인지 구하여라.

풀이 e^x의 3차 테일러 다항식은

$$p_3(x)=1+x+\frac{x^2}{2}+\frac{x^3}{6}$$

이다. e의 근삿값은 $p_3(1)=1+1+\frac{1}{2}+\frac{1}{6}\approx 2.667$이다. 오차는 $\int_0^1 e^t\frac{t^3}{3!}\,dt$이다. 구간 $[0,\ 1]$에서 $0<e^t\le 3$이므로

$$\int_0^1 e^t\frac{t^3}{3!}\,dt \le \frac{1}{2}\int_0^1 t^3\,dt=0.125$$

이다.

함수 f가 실수 c를 포함하는 열린구간 $(a,\ b)$에서 무한히 미분가능하다고 하자. 거듭제곱급수

$$p(x)=f(c)+f'(c)(x-c)+\ \cdots\ +f^{(n)}(c)\frac{(x-c)^n}{n!}+\ \cdots$$

를 테일러 급수(Taylor series)라 한다. 테일러 급수는

$$p(x)=\sum_{n=0}^{\infty}\frac{f^{(n)}(c)}{n!}(x-c)^n$$

과 같이 나타낼 수 있다.

예제 7.3.3 다음 함수의 테일러 급수를 구하여라.

(1) $f(x) = 2x^2 - x + 3,\ x = 1$ (2) $f(x) = e^x,\ x = 0$

풀이 (1) f의 k계 도함수 $f^{(k)}$와 그 도함수의 $x = 1$에서의 값은

$$
\begin{aligned}
&f(x) = 2x^2 - x + 3, && f(0) = 4;\\
&f'(x) = 4x - 1, && f'(1) = 3;\\
&f''(x) = 4, && f''(1) = 4;\\
&f^{(k)}(x) = 0, && f^{(k)}(1) = 0,\ k \geq 3;
\end{aligned}
$$

이다. $f(x)$의 테일러 급수는 다음과 같다.

$$
\begin{aligned}
p(x) &= f(1) + f'(1)(x-1) + \frac{f''(1)}{2}(x-1)^2 \\
&\qquad + \frac{f'''(1)}{6}(x-1)^3 + \cdots \\
&= 4 + 3(x-1) + 2(x-1)^2
\end{aligned}
$$

(2) f의 k계 도함수는 모두 $f^{(k)}(x) = e^x$이고 $f^{(k)}(0) = 1$이다. 따라서 테일러 급수는

$$
\begin{aligned}
p(x) &= \sum_{n=0}^{\infty} \frac{f^{(n)}(0)}{n!} x^n \\
&= \sum_{n=0}^{\infty} \frac{1}{n!} x^n \\
&= 1 + x + \frac{x^2}{2} + \frac{x^3}{6} + \cdots
\end{aligned}
$$

$x = 0$에서 테일러 급수를 특별히 매클로린 급수(Maclaurin series)라 한다. 곧, 함수 f의 매클로린 급수는

$$
\sum_{n=0}^{\infty} \frac{f^{(n)}(0)}{n!} x^n = f(0) + f'(0)x + \cdots + \frac{f^{(n)}(0)}{n!} x^n + \cdots
$$

이다. 일반적으로 $f(x)$의 매클로린 급수는 본래의 함수 $f(x)$와 같다고 할 수는 없다. 다만 우리가 다루는 함수들은 대부분 매클로린 급수와 같은 값을 가진다. 몇 가지 함수의 매클로린 급수를 나열하고 이 장을 마치기로 한다.

$$e^x = \sum_{n=0}^{\infty} \frac{1}{n!} x^n = 1 + x + \frac{x^2}{2!} + \frac{x^3}{3!} + \cdots$$

$$\cos x = \sum_{n=0}^{\infty} \frac{(-1)^n}{(2n)!} x^{2n} = 1 - \frac{x^2}{2!} + \frac{x^4}{4!} - \frac{x^6}{6!} + \cdots$$

$$\sin x = \sum_{n=0}^{\infty} \frac{(-1)^n}{(2n+1)!} x^{2n+1} = x - \frac{x^3}{3!} + \frac{x^5}{5!} - \frac{x^7}{7!} + \cdots$$

$$\ln(1+x) = \sum_{n=1}^{\infty} \frac{(-1)^{n+1}}{n} x^n = x - \frac{x^2}{2} + \frac{x^3}{3} - \frac{x^4}{4} + \cdots, \ x \in (-1, 1]$$

$$\arctan x = \sum_{n=0}^{\infty} \frac{(-1)^n}{2n+1} x^{2n+1} = x - \frac{x^3}{3} + \frac{x^5}{5} - \frac{x^7}{7} + \cdots, \ x \in [-1, 1]$$

7.3 연 습 문 제

1 주어진 점에서 각 함수의 3차 테일러 다항식을 구하여라.

(1) $f(x)=2+x,\ x=0$

(2) $f(x)=1+3x-2x^3+x^4,\ x=0$

(3) $f(x)=e^{-x},\ x=0$

(4) $f(x)=\sin 2x,\ x=0$

(5) $f(x)=\dfrac{1}{1-x},\ x=0$

(6) $f(x)=e^x\sin x,\ x=0$

(7) $f(x)=2+x,\ x=1$

(8) $f(x)=1+3x-2x^3+x^4,\ x=1$

(9) $f(x)=\sin x,\ x=\dfrac{\pi}{2}$

(10) $f(x)=\sin x,\ x=\dfrac{\pi}{3}$

2 $\arctan x$의 3차 테일러 다항식으로부터 π의 근삿값을 구하여라.

3 다음 함수의 매클로린 급수를 구하여라.

(1) $f(x)=2+x$

(2) $f(x)=\ln(1-x)$

(3) $f(x)=e^{2x}$

(4) $f(x)=\dfrac{1}{1-x}$

4 e^x의 매클로린 급수로부터

$$\frac{1}{2!}-\frac{1}{3!}+\frac{1}{4!}-\frac{1}{5!}+\cdots$$

의 값을 구하여라.

제 8 장
다변수 함수의 미분과 적분

우리가 일상생활에서 접하는 함수들은 2개 이상의 독립변수를 가지는 경우도 많다. 이런 함수들을 다변수 함수라 한다.
이 장에서는 다변수 함수의 미분과 적분에 대하여 알아본다.

8.1 다변수 함수

이 절에서는 공간좌표계를 도입하고, 2개 이상의 독립변수를 가지는 함수와 그 그래프에 대하여 알아본다.

3차원 이상의 공간은 자주 사용되는 개념이다. 이를 정의해 보자. 먼저 1차원 공간 및 2차원 공간의 정의를 살펴보고 이것을 확장하는 방법을 찾아보자.

1차원 공간은 직선으로서 흔히 수직선이라 불린다. 직선 위에 한 점을 선택하여 원점 O라 한다. 원점의 이외의 한 점을 선택하여 기준점 P라 하자. 직선 위의 임의의 한 점 X에 대하여 두 가지 조건을 살펴본다.

(1) X는 O를 중심으로 P와 같은 쪽에 있는가? 반대쪽에 있는가?

(2) O에서 P까지의 거리 OP와 O에서 X까지의 거리 OX의 비는 얼마인가?

두 조건으로부터 직선 위의 점과 실수를 대응시킨다. 조건 (1)은 실수의 부호를 결정하고 조건 (2)는 실수의 크기를 결정한다. 먼저 점 O에 실수 0을, 점 P에 실수 1을 대응시킨다. $OX = a\,OP$이고 X와 P가 O를 중심으로 같은 쪽에 있으면 X에 a를 대응시키고 반대쪽에 있으면 $-a$를 대응시킨다. 점 X에 대응된 값을 X의 좌표라 한다. 이렇게 만들어진 직선을 1차원 공간이라 하고 $\mathbb{R}$로 표시한다(그림 8.1). 1차원 공간에서 원점 O를 중심으로 좌표의 값이 양수인 쪽을 양의 방향, 음수인 쪽을 음의 방향이라 한다.

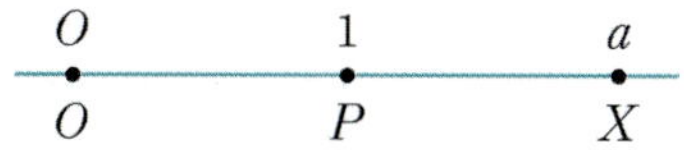

그림 8.1 1차원 공간

2차원 공간은 평면이다. 평면에 수직으로 만나는 두 직선을 선택한다. 두 직선에 실수를 대응시켜 1차원 공간으로 만든다. 두 직선 중 하나를 x축, 다른 하나를 y축이라 한다. 평면 위의 점의 좌표를 다음과 같이 정의한다. 점 X에서 x축에 내린 수선의 발의 좌표가 a, y축에 내린 수선의 발의 좌표가 b이면 순서쌍 (a, b)를 점 X의 좌표라 한다. 이와 같이 좌표가 정의된 공간을 2차원 공간 또는 좌표평면이라 하고 $\mathbb{R}^2$로 표시한다(그림 8.2). 일반적으로 x축의 양의 방향을 시계 반대 방향으로 90° 회전하면 y축의 양의 방향이 되도록 배치한다.

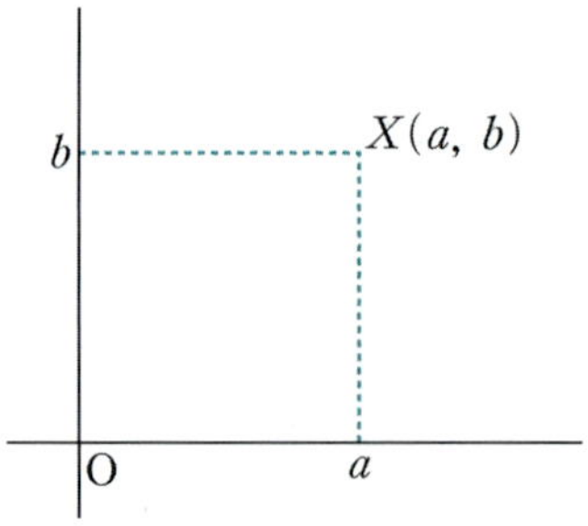

그림 8.2 2차원 공간

3차원 공간은 $\mathbb{R}^3$라 표시하며 우리가 살고 있는 공간이다. 3개의 수직선이 서로 수직으로 만나도록 배치하고 세 직선을 각각 x축, y축, z축이라 한다. 점 X에서 x축, y축, z축에 내린 수선의 발의 좌표가 각각 a, b, c일 때 순서쌍 (a, b, c)를 X의 좌표라 한다(그림 8.3). 세 좌표축을 배치하는 일반적인 방법은 다음과 같다. 오른손으로 주먹을 쥐고 네 손가락이 x축의 양의 방향에서 y축의 양의 방향을 향하도록 한다. 엄지손가락을 폈을 때 엄지손가락이 가리키는 방향이 z축과 같은 방향이 되도록 한다.

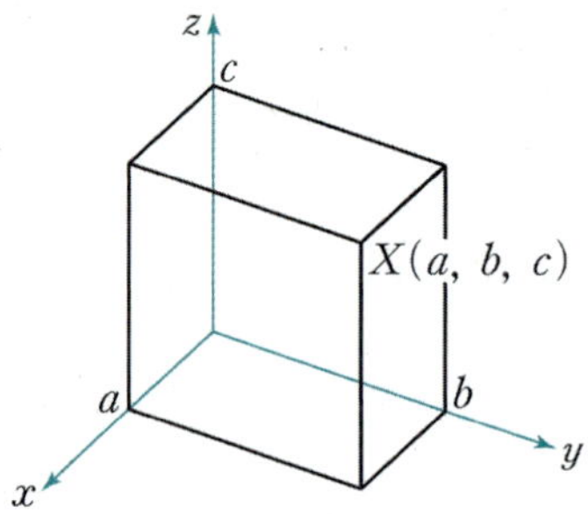

그림 8.3 3차원 공간

2개 이상의 독립변수를 가지는 함수를 다변수 함수라 한다. 특히, 독립변수가 2개인 함수를 이변수 함수라 한다. 이변수 함수는 두 변수 x, y를 포함하는 식으로 표현되며 $f(x, y)$, 또는 $z = f(x, y)$로 나타낸다. (x, y)가 평면 위의 영역 D의 원소일 때, D를 f의 정의역이라 하고 $f : D \to \mathbb{R}$이라 적는다. 점 $(a, b) \in D$에서 f의 값을 $f(a, b)$로 적는다.

예제 8.1.1 이변수 함수 $f(x, y) = x + 2y$에 대하여 두 점 $(0, 1)$, $(3, -2)$에서의 값 $f(0, 1)$, $f(3, -2)$를 구하여라.

풀이 점 $(0,\ 1)$에서 f의 값 $f(0,\ 1)$은 $x+2y$에 $x=0,\ y=1$를 대입하여 얻는다. 따라서

$$f(0,\ 1)=0+2\cdot 1=2$$

이다. 같은 방법으로

$$f(3,\ -2)=3+2\cdot(-2)=-1$$

이다.

이변수 함수 $f: D\to\mathbb{R}$의 그래프는

$$\{(x,\ y,\ f(x,\ y))\,|\,(x,\ y)\in D\}$$

이며 3차원 공간에 존재하는 곡면이다. 일반적으로 그래프를 그리는 것은 매우 어려운 일이며 특정한 함수에 대해서만 그 개형을 그릴 수 있다.

예제 8.1.2 이변수 함수 $f(x,\ y)=x^2+y^2$의 그래프를 그려라.

풀이 그래프는 $\{(x,\ y,\ z)\,|\,z=x^2+y^2\}$이며 평면의 각 점 $(x,\ y)$에서 높이가 x^2+y^2인 점들의 집합이다. 따라서 그래프는 그림 8.4이다.

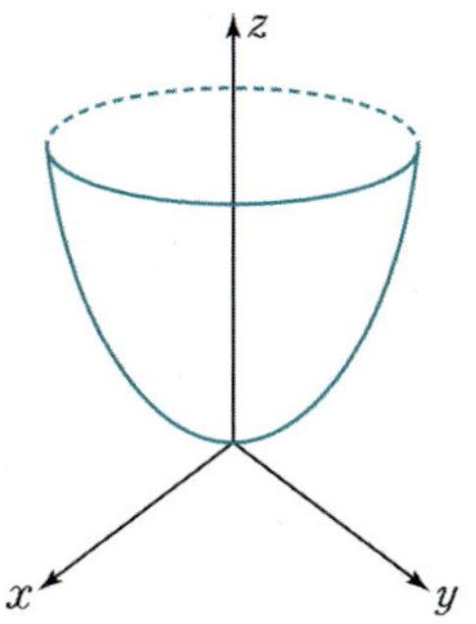

그림 8.4 $z=x^2+y^2$의 그래프

독립변수가 3개인 함수를 삼변수 함수라 하며 $f(x,\ y,\ z)$꼴로 나타난다.

예제 8.1.3 삼변수 함수 $f(x, y, z) = x + 2y + 3z^2$에 대하여 점 $(3, -2, 1)$에서의 값 $f(3, -2, 1)$을 구하여라.

풀이 $f(x, y, z)$에 $x = 3$, $y = -2$, $z = 1$을 대입하면

$$f(3, -2, 1) = 3 + 2(-2) + 3 = 2$$

를 얻는다.

일반적으로 다변수 함수는 독립변수가 2개 이상인 함수를 말한다. 독립변수가 4개 이상인 다변수 함수는 표현하기도 복잡하고 계산도 어려우므로 생략하기로 한다.

이변수 함수 $f(x, y)$의 첫 변수 x가 a로 한없이 가까이 갈 때 $f(x, y)$의 극한은

$$\lim_{x \to a} f(x, y)$$

로 쓴다. 이 극한은 두 번째 변수 y를 상수로 보고 그 값을 구한다. 두 번째 변수에 대한 극한 $\lim_{y \to b} f(x, y)$는 x를 상수로 보고 극한을 계산한다.

일반적인 다변수 함수에 대한 극한도 마찬가지 방법으로 계산한다.

예제 8.1.4 다음 극한을 구하여라.

(1) $\lim_{x \to 1} (x^2 y - 3x + y)$ (2) $\lim_{y \to 0} \dfrac{x \sin y}{y}$

풀이 (1) y를 상수로 보고 계산하므로 $x = 1$을 대입한 것과 같다. 따라서 극한값은 $2y - 3$이다.

(2) $\lim_{y \to 0} \dfrac{\sin y}{y} = 1$이므로 극한값은 x이다.

8.1 연습문제

1 다음 함수의 주어진 점에서의 값을 구하여라.

(1) $f(x, y) = x^2 - y^2$, $(2, 4)$

(2) $f(x, y) = x + e^x - \ln y$, $(0, e)$

(3) $f(x, y, z) = z - \sin y + xy$, $(1, \pi, 1)$

(4) $f(x, y, z) = \sin xyz$, $(1, 1, \pi)$

2 다음 함수의 그래프를 그려라.

(1) $f(x, y) = x + y$

(2) $f(x, y) = x^2 + 2y^2$

3 다음 극한을 구하여라.

(1) $\lim_{x \to 0} (xy + y^2 - 1)$

(2) $\lim_{y \to 1} (x - y + xy)$

(3) $\lim_{x \to 1} (e^x + \ln xy)$

(4) $\lim_{y \to \pi} (\sin xy + xy)$

(5) $\lim_{x \to 0} \dfrac{1 - \cos x}{x^2 y}$

(6) $\lim_{y \to 0} \dfrac{e^{xy} - 1}{xy}$

(7) $\lim_{x \to 2} (xyz - x \sin yz + 1)$

(8) $\lim_{z \to 3\pi} (\sin x + \sin y + \sin z)$

8.2 편도함수

편도함수는 다변수 함수의 한 변수를 선택하고 나머지 변수를 상수로 보아 구한 도함수를 말한다. 편도함수의 정확한 정의를 알아보고 계산해보자.

이변수 함수 f에 대하여 극한

$$\lim_{h\to 0}\frac{f(x+h,\ y)-f(x,\ y)}{h}$$

가 존재하면 이 값을 f의 x에 관한 **편도함수**라 하고 $\frac{\partial f}{\partial x}(x,\ y)$, 또는 간단히 $\frac{\partial f}{\partial x}$로 나타낸다. 편도함수를 구하는 것을 **편미분**한다고 한다. 마찬가지 방법으로 극한 $\lim_{k\to 0}\frac{f(x,\ y+k)-f(x,\ y)}{k}$가 존재하면 이 값을 f의 y에 대한 편도함수라 하고 $\frac{\partial f}{\partial y}(x,\ y)$, 또는 $\frac{\partial f}{\partial y}$로 나타낸다. 참고로 $\frac{\partial f}{\partial x}$는 'partial f partial x' 또는 단순히 'dfdx'로 읽는다. $\frac{\partial f}{\partial x}$는 f_x, f_1, D_xf, D_1f로, $\frac{\partial f}{\partial y}$는 f_y, f_2, D_yf, D_2f로 나타내기도 한다.

예제 8.2.1 이변수 함수 $f(x,\ y)=x^2+2xy$의 x에 대한 편도함수 $\frac{\partial f}{\partial x}$를 구하여라.

풀이 편도함수의 정의에 의하여

$$\begin{aligned}\frac{\partial f}{\partial x}(x,\ y) &= \lim_{h\to 0}\frac{f(x+h,\ y)-f(x,\ y)}{h}\\ &= \lim_{h\to 0}\frac{(x+h)^2+2(x+h)y-x^2-xy}{h}\\ &= \lim_{h\to 0}\frac{2xh+h^2+2hy}{h}=2x+2y\end{aligned}$$

를 얻는다.

위 예제와 같이 편도함수를 극한으로 구하면 너무 복잡하다. 편도함수의 정의를 다시 살펴보면 $\frac{\partial f}{\partial x}$를 구하는 과정에서 y는 상수와 다를 바 없는 역할을 한다. 따라서 미분을 하는 변수가 아닌 변수는 상수로 보고 미분공식을 적용하면 편도함수를 구할 수 있다.

예제 8.2.2 이변수 함수 $f(x, y) = x^2 + 2xy$의 y에 관한 편도함수 $\dfrac{\partial f}{\partial x}$를 구하여라.

풀이 x를 상수로 보고 미분하면

$$\frac{\partial f}{\partial x}(x, y) = 2x + 2y = 2(x + y)$$

이다.

이변수 함수 $f(x, y)$를 $z = f(x, y)$와 같이 방정식 꼴로 썼을 경우 $\dfrac{\partial f}{\partial x}(x, y)$ 대신 $\dfrac{\partial z}{\partial x}$, $\dfrac{\partial f}{\partial y}$ 대신 $\dfrac{\partial z}{\partial y}$를 쓰기도 한다.

예제 8.2.3 다음 이변수 함수의 편도함수 $\dfrac{\partial z}{\partial x}$, $\dfrac{\partial z}{\partial y}$를 구하여라.

(1) $z = x^2 - y^2 + xy$ (2) $z = \sin xy$

(3) $z = e^x + e^y + xy$ (4) $z = x \ln y$

풀이 (1) $\dfrac{\partial z}{\partial x} = 2x + y$, $\dfrac{\partial z}{\partial y} = -2y + x$ (2) $\dfrac{\partial z}{\partial x} = y\cos xy$, $\dfrac{\partial z}{\partial y} = x\cos xy$

(3) $\dfrac{\partial z}{\partial x} = e^x + y$, $\dfrac{\partial z}{\partial y} = e^y + x$ (4) $\dfrac{\partial z}{\partial x} = \ln y$, $\dfrac{\partial z}{\partial y} = \dfrac{x}{y}$

3개 이상의 변수를 가지는 다변수 함수의 도함수도 같은 방법으로 구한다.

예제 8.2.4 다음 함수의 편도함수 $\dfrac{\partial f}{\partial x}$, $\dfrac{\partial f}{\partial y}$, $\dfrac{\partial f}{\partial z}$를 구하여라.

(1) $f(x, y, z) = x^3 - y^2 z + xyz$ (2) $f(x, y, z) = \cos xyz + 2$

풀이 (1) $\dfrac{\partial f}{\partial x}(x, y, z) = 3x^2 + yz$, $\dfrac{\partial f}{\partial y}(x, y, z) = -2yz + xz$,

$\dfrac{\partial f}{\partial z}(x, y, z) = -y^2 + xy$

(2) $\dfrac{\partial f}{\partial x}(x, y, z) = -yz\sin xyz$, $\dfrac{\partial f}{\partial y}(x, y, z) = -xz\sin xyz$,

$\dfrac{\partial f}{\partial z}(x, y, z) = -xy\sin xyz$

다변수 함수의 편도함수는 1계 편도함수라 부르기도 한다. 이것은 다음에 나올 2계 편도함수라는 말과 어울리도록 하기 위함이다.

편도함수 역시 다변수 함수이므로 다시 편미분하여 편도함수를 구할 수 있다. 이변수 함수 f에 대하여 $\frac{\partial f}{\partial x}$의 편도함수는 $\frac{\partial}{\partial x}\frac{\partial f}{\partial x}$와 $\frac{\partial}{\partial y}\frac{\partial f}{\partial x}$가 있으며 $\frac{\partial f}{\partial y}$의 편도함수는 $\frac{\partial}{\partial x}\frac{\partial f}{\partial y}$와 $\frac{\partial}{\partial y}\frac{\partial f}{\partial y}$가 있다. 네 편도함수

$$\frac{\partial}{\partial x}\frac{\partial f}{\partial x},\ \frac{\partial}{\partial y}\frac{\partial f}{\partial x},\ \frac{\partial}{\partial x}\frac{\partial f}{\partial y},\ \frac{\partial}{\partial y}\frac{\partial f}{\partial y}$$

를 함수 f의 2계 편도함수라 한다. 2계 편도함수들은 다음과 같이 간단히 쓰기도 한다.

$$\frac{\partial}{\partial x}\frac{\partial f}{\partial x}=\frac{\partial^2 f}{\partial x^2},\ \frac{\partial}{\partial y}\frac{\partial f}{\partial x}=\frac{\partial^2 f}{\partial y\partial x},\ \frac{\partial}{\partial x}\frac{\partial f}{\partial y}=\frac{\partial^2 f}{\partial x\partial y},\ \frac{\partial}{\partial y}\frac{\partial f}{\partial y}=\frac{\partial^2 f}{\partial y^2}$$

예제 8.2.5 다음 이변수 함수의 2계 편도함수를 모두 구하여라.

(1) $f(x, y)=x^2+xy+y^3$ (2) $f(x, y)=\sin x\ln y$

풀이 (1) $\frac{\partial f}{\partial x}(x, y)=2x+y,\ \frac{\partial f}{\partial y}(x, y)=x+3y^2$이므로

$$\frac{\partial^2 f}{\partial x^2}=\frac{\partial}{\partial x}(2x+y)=2,\ \frac{\partial^2 f}{\partial y\partial x}=\frac{\partial}{\partial y}(2x+y)=1,$$

$$\frac{\partial^2 f}{\partial x\partial y}=\frac{\partial}{\partial x}(x+3y^2)=1,\ \frac{\partial^2 f}{\partial y^2}=\frac{\partial}{\partial y}(x+3y^2)=6y$$

를 얻는다.

(2) $\frac{\partial f}{\partial x}=\cos x\ln y,\ \frac{\partial f}{\partial y}=\frac{1}{y}\sin x$이므로

$$\frac{\partial^2 f}{\partial x^2}=\frac{\partial}{\partial x}\cos x\ln y=-\sin x\ln y,$$

$$\frac{\partial^2 f}{\partial y\partial x}=\frac{\partial}{\partial y}\cos x\ln y=\frac{1}{y}\cos x,$$

$$\frac{\partial^2 f}{\partial x\partial y}=\frac{\partial}{\partial x}\frac{1}{y}\sin x=\frac{1}{y}\cos x,$$

$$\frac{\partial^2 f}{\partial y^2}=\frac{\partial}{\partial y}\frac{1}{y}\sin x=-\frac{1}{y^2}\sin x$$

를 얻는다.

3변수 이상의 다변수 함수에 대한 2계 편도함수도 같은 방법으로 구한다.

예제 8.2.6 함수 $f(x, y, z) = x^2 + y^2 - yz + z^3$의 2계 편도함수 $\dfrac{\partial^2 f}{\partial y \partial z}$와 $\dfrac{\partial^2 f}{\partial z^2}$를 구하여라.

풀이 $\dfrac{\partial f}{\partial z} = -y + 3z^2$이므로 $\dfrac{\partial^2 f}{\partial y \partial z} = -1$, $\dfrac{\partial^2 f}{\partial z^2} = 6z$이다.

다변수 함수의 미분에서도 연쇄법칙이 성립한다. $f(u, v)$의 u, v에 대한 편도함수가 모두 존재하고 $u = g(x, y)$, $v = h(x, y)$의 x, y에 대한 편도함수가 모두 존재한다고 하자. 함수 $f(u, v)$는

$$f(u, v) = f(g(x, y), h(x, y))$$

와 같이 쓸 수 있고, 두 변수 x, y에 관한 함수이다. 따라서 함수 f의 x에 관한 편도함수 $\dfrac{\partial f}{\partial x}$와 $\dfrac{\partial f}{\partial y}$를 생각할 수 있으며 실제로 다음 정리와 같이 주어진다.

정리 8.2.1 연쇄법칙

함수 $f(u, v)$의 u, v에 관한 편도함수가 모두 존재하고 u, v의 x, y에 관한 편도함수가 모두 존재한다고 하자. f의 편도함수는 다음 조건을 만족한다.

$$\frac{\partial f}{\partial x} = \frac{\partial f}{\partial u}\frac{\partial u}{\partial x} + \frac{\partial f}{\partial v}\frac{\partial v}{\partial x}$$

$$\frac{\partial f}{\partial y} = \frac{\partial f}{\partial u}\frac{\partial u}{\partial y} + \frac{\partial f}{\partial v}\frac{\partial v}{\partial y}$$

이 정리를 g와 h에 대하여 적으면

$$\frac{\partial f}{\partial x} = \frac{\partial f}{\partial u}\frac{\partial g}{\partial x} + \frac{\partial f}{\partial v}\frac{\partial h}{\partial x}$$

$$\frac{\partial f}{\partial y} = \frac{\partial f}{\partial u}\frac{\partial g}{\partial y} + \frac{\partial f}{\partial v}\frac{\partial h}{\partial y}$$

가 된다.

예제 8.2.7 다음 함수 f의 1계 편도함수를 모두 구하여라.

(1) $f(u, v) = u^4 + v^4,\ u = x + \sin y,\ v = \cos x - y$

(2) $f(s, t) = \ln(s^2 + t^2),\ s = x + y,\ t = x - y$

풀이 (1) $\dfrac{\partial f}{\partial u} = 4u^3,\ \dfrac{\partial f}{\partial v} = 4v^3$이고 $\dfrac{\partial u}{\partial x} = 1,\ \dfrac{\partial u}{\partial y} = \cos y,\ \dfrac{\partial v}{\partial x} = -\sin x,$ $\dfrac{\partial v}{\partial y} = -1$이다. 연쇄법칙에 의하여

$$\frac{\partial f}{\partial x} = \frac{\partial f}{\partial u}\frac{\partial u}{\partial x} + \frac{\partial f}{\partial v}\frac{\partial v}{\partial x} = 4u^3 + 4v^3(-\sin x)$$

이고 $u = x + \sin y,\ v = \cos x + y$를 대입하면

$$\frac{\partial f}{\partial x} = 4(x + \sin y)^3 - 4\sin x(\cos x - y)^3$$

를 얻는다. 마찬가지 방법으로

$$\begin{aligned}\frac{\partial f}{\partial y} &= \frac{\partial f}{\partial u}\frac{\partial u}{\partial y} + \frac{\partial f}{\partial v}\frac{\partial v}{\partial y} \\ &= 4u^3\cos y + 4v^3(-1) \\ &= 4\cos y(x + \sin y)^3 - 4(\cos x - y)^3)\end{aligned}$$

를 얻는다.

(2) $\dfrac{\partial f}{\partial s} = \dfrac{2s}{s^2 + t^2},\ \dfrac{\partial f}{\partial t} = \dfrac{2t}{s^2 + t^2},\ \dfrac{\partial s}{\partial x} = 1,\ \dfrac{\partial s}{\partial y} = 1,\ \dfrac{\partial t}{\partial x} = 1,\ \dfrac{\partial t}{\partial y} = -1$ 이므로

$$\frac{\partial f}{\partial x} = \frac{2s}{s^2 + t^2} + \frac{2t}{s^2 + t^2} = \frac{2x}{x^2 + y^2}$$

$$\frac{\partial f}{\partial y} = \frac{2s}{s^2 + t^2} - \frac{2t}{s^2 + t^2} = \frac{2y}{x^2 + y^2}$$

변수가 3개 이상인 경우에도 연쇄법칙이 성립하며 그 모양도 비슷하다. 자세한 내용은 소개하지 않고 예제 하나를 보이는 것으로 갈음한다.

예제 8.2.8 함수 f가

$$f(s,\ t,\ u) = st + tu + su,$$
$$s = x + y,\ t = x - y,\ u = xy$$

로 주어진다. $\dfrac{\partial f}{\partial x}$, $\dfrac{\partial f}{\partial y}$를 구하여라.

풀이 연쇄법칙을 쓰면

$$\begin{aligned}\frac{\partial f}{\partial x} &= \frac{\partial f}{\partial s}\frac{\partial s}{\partial x} + \frac{\partial f}{\partial t}\frac{\partial t}{\partial x} + \frac{\partial f}{\partial u}\frac{\partial u}{\partial x} \\ &= (t+u) + (u+s) + (s+t)y \\ &= x - y + xy + x + y + xy + 2xy \\ &= 2x + 4xy\end{aligned}$$

$$\begin{aligned}\frac{\partial f}{\partial y} &= \frac{\partial f}{\partial s}\frac{\partial s}{\partial y} + \frac{\partial f}{\partial t}\frac{\partial t}{\partial y} + \frac{\partial f}{\partial u}\frac{\partial u}{\partial y} \\ &= (t+u) - (u+s) + (s+t)x \\ &= x - y + xy - x - y - xy + 2x^2 \\ &= -2y + 2x^2\end{aligned}$$

8.2 연 | 습 | 문 | 제

1 다음 함수의 1계 및 2계 편도함수를 모두 구하여라.

(1) $f(x, y) = 4x^3 - 3xy^2$

(2) $f(x, y) = \sin(x+y)$

(3) $f(x, y) = xe^y$

(4) $f(x, y) = xy\ln(x^2+y^2)$

(5) $f(x, y) = \dfrac{x}{y}$

(6) $f(x, y) = \arctan(x-y)$

(7) $f(x, y, z) = x+y+z$

(8) $f(x, y, z) = xy+yz+zx$

2 다음 함수 f의 1계 편도함수를 모두 구하여라.

(1) $f(u, v) = u+3v+5,\ u = x^2+y^2,\ v = -xy$

(2) $f(u, v) = uv,\ u = x^3+y^3-xy,\ v = x^3+y^3+xy$

(3) $f(u, v) = ue^v,\ u = \dfrac{x}{y},\ v = xy$

(4) $f(u, v) = \sin u + \cos v,\ u = x+y,\ v = x-y$

(5) $f(x, y) = xy,\ x = 1+t+t^2,\ y = 1-t+t^2$

(6) $f(x, y) = e^{xy},\ x = t+\ln t,\ y = t-\ln t$

(7) $f(u, v, w) = u^2+v^2+w^2,\ u = x+y^2,\ v = x^2+y,\ w = xy$

8.3 다중적분

다변수 함수는 2개 이상의 변수를 가지므로 앞에서 정의한 적분을 직접 적용할 수 없다. 이 문제를 해결하기 위하여 다중적분을 도입한다.

먼저 이변수 함수의 적분에 대하여 알아보자. $\mathbb{R}^2$ 위의 영역 R에서 이변수 함수 f의 이중적분을

$$\int\int_R f(x,\ y)\,dx\,dy$$

로 나타내며 아래와 같이 정의한다.

(i) $R=[a,\ b]\times[c,\ d]$인 경우

f를 직사각형 R에서 $\mathbb{R}$로의 연속함수라 하자. f의 이중적분을

$$\int\int_R f(x,\ y)\,dx\,dy=\int_c^d\left(\int_a^b f(x,\ y)\,dx\right)dy$$

로 정의한다. 곧, 이중적분은 $f(x,\ y)$를 x에 대하여 적분한 결과를 다시 y에 대하여 적분한 것이다. R이 직사각형인 경우 적분 순서를 바꾸어

$$\int_a^b\left(\int_c^d f(x,\ y)dy\right)dx$$

를 계산하여도 같은 결과를 얻는다.

예제 8.3.1 다음 이중적분을 구하여라.

(1) $\displaystyle\int_0^1\int_0^1 3\,dx\,dy$ (2) $\displaystyle\int_{-1}^1\int_0^2 (x^2+y)\,dx\,dy$

(3) $\displaystyle\int_0^1\int_0^\pi x\sin y\,dy\,dx$ (4) $\displaystyle\int_0^1\int_0^1 e^{x+y}\,dx\,dy$

풀이 (1) 차례로 적분하면

$$\int_0^1\int_0^1 3\,dx\,dy=\int_0^1 3x\,|_0^1\,dy=\int_0^1 3\,dy=3y\,|_0^1=3$$

(2) x로 적분할 때는 y를 상수로 생각한다.

$$\int_{-1}^{1}\int_{0}^{2}(x^2+y)\,dx\,dy = \int_{-1}^{1}\left(\frac{1}{3}x^3+yx\right)\Big|_0^2 dy$$
$$= \int_{-1}^{1}\left(\frac{8}{3}+2y\right)dy = \frac{16}{3}$$

(3) 계산하면

$$\int_0^1\int_0^{\pi} x\sin y\,dy\,dx = \int_0^1 -x\cos y|_0^{\pi}\,dx = \int_0^1 2x\,dx = 1$$

(4) e^{x+y}의 역도함수가 e^{x+y}이므로

$$\int_0^1\int_0^1 e^{x+y}\,dy\,dx = \int_0^1 e^{x+y}|_0^1\,dx$$
$$= \int_0^1 (e^{x+1}-e^x)\,dx = e^2-2e+1$$

직사각형이 아닌 영역에서 이중적분에 대하여 알아보자.

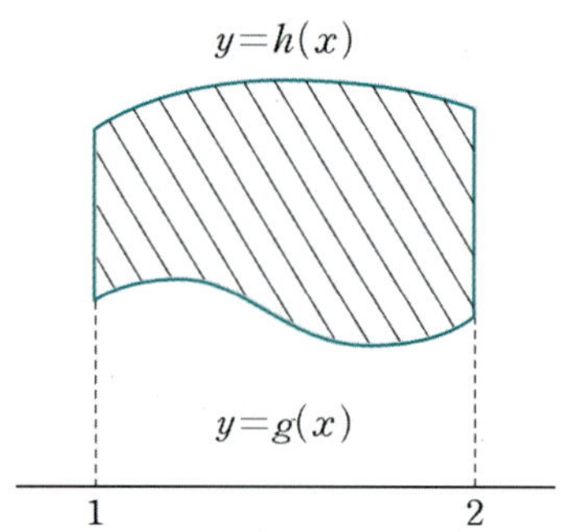

그림 8.5 **영역** $\{(x, y)\,|\,a \le x \le b,\ g(x) \le y \le h(x)\}$

(ii) $R=\{(x, y)\,|\,a \le x \le b,\ g(x) \le y \le h(x)\}$인 경우

구간 $[a, b]$에서 정의된 두 연속함수 g와 h가 $g(x) \le h(x)$를 만족한다고 하자 (그림 8.5). 두 곡선 $y=g(x)$와 $y=h(x)$ 사이의 영역

$$R=\{(x, y)\,|\,a \le x \le b,\ g(x) \le y \le h(x)\}$$

에서 정의된 함수 f의 이중적분은

$$\iint_R f(x, y)\,dx\,dy = \int_a^b \int_{g(x)}^{h(x)} f(x, y)\,dy\,dx$$

로 정의한다.

예제 8.3.2 다음 이중적분을 구하여라.

(1) $\displaystyle\int_0^1 \int_0^x 2x^2 y\,dy\,dx$ (2) $\displaystyle\int_0^1 \int_{-x^2}^{x^2} xe^y\,dy\,dx$

풀이 (1) y에 대하여 적분한 후 x에 대하여 적분한다.

$$\int_0^1 \int_0^x 2x^2 y\,dy\,dx = \int_0^1 x^2y^2\Big|_0^x dx = \int_0^1 x^4\,dx = \frac{1}{5}$$

(2) 같은 방법으로

$$\int_0^1 \int_{-x^2}^{x^2} xe^y\,dy\,dx = \int_0^1 xe^y\Big|_{-x^2}^{x^2} dx = \int_0^1 x(e^{x^2} - e^{-x^2})\,dx$$

를 얻는다. $u = x^2$으로 치환하면 $du = 2x\,dx$이고, $x = 0$일 때 $u = 0$, $x = 1$일 때 $u = 1$이므로

$$\begin{aligned}\int_0^1 x(e^{x^2} - e^{-x^2})\,dx &= \int_0^1 \frac{1}{2}(e^u - e^{-u})\,du \\ &= \frac{1}{2}(e^u + e^{-u})\Big|_0^1 \\ &= \frac{1}{2}(e - 2 + e^{-1})\end{aligned}$$

를 얻는다.

(iii) $R = \{(x, y) \mid g(y) \le x \le h(y),\ c \le y \le d\}$인 경우

구간 $[c, d]$에서 정의된 두 연속함수 g와 h가 $g(y) \le h(y)$를 만족한다고 하자 (그림 8.6). 두 곡선 $x = g(y)$와 $x = h(y)$ 사이의 영역

$$R = \{(x, y) \mid g(y) \le x \le h(y),\ c \le y \le d\}$$

에서 정의된 함수 f의 이중적분은

$$\iint_R f(x, y)\,dx\,dy = \int_c^d \int_{g(y)}^{h(y)} f(x, y)\,dx\,dy$$

로 정의한다.

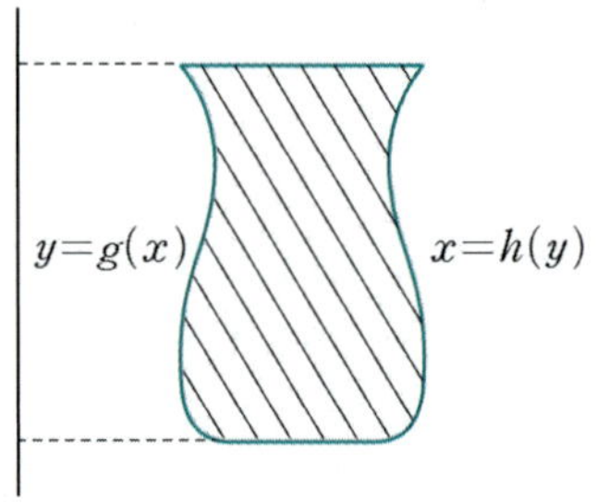

그림 8.6 **영역** $\{(x, y) | g(y) \leq x \leq h(y),\ c \leq y \leq d\}$

예제 8.3.3 다음 이중적분을 구하여라.

(1) $\displaystyle\int_0^1 \int_{-y}^{y} (2x + y^2)\, dx\, dy$ (2) $\displaystyle\int_{-\frac{\pi}{6}}^{\frac{\pi}{4}} \int_{-y}^{y} 2\cos x \cos y\, dx\, dy$

풀이 (1) x에 대하여 적분한 후 y에 대하여 적분한다.

$$\int_0^1 \int_{-y}^{y} (2x + y^2)\, dx\, dy = \int_0^1 \left[x^2 + xy^2\right]_{-y}^{y} dy = \int_0^1 2y^3\, dy = \frac{1}{2}$$

(2) 마찬가지 방법으로

$$\begin{aligned}\int_{\frac{\pi}{6}}^{\frac{\pi}{4}} \int_{-y}^{y} 2\cos x \cos y\, dx\, dy &= \int_{\frac{\pi}{6}}^{\frac{\pi}{4}} 2\sin x \cos y \Big|_{-y}^{y} dy \\ &= \int_{\frac{\pi}{6}}^{\frac{\pi}{4}} 4\sin y \cos y\, dy \\ &= \int_{\frac{\pi}{6}}^{\frac{\pi}{4}} 2\sin 2y\, dy = \frac{1}{2}\end{aligned}$$

예제 8.3.4 세 직선 $y = x$, $x = 0$, $y = 1$로 둘러싸인 영역을 R에서 e^{y^2}의 이중적분을 구하여라.

풀이 주어진 영역 R은

$$\{(x, y) | 0 \leq x \leq 1,\ \ x \leq y \leq 1\}$$

로 표현된다. 또

$$\{(x, y) | 0 \leq x \leq y,\ \ 0 \leq y \leq 1\}$$

로도 표현된다. 첫 번째 표현을 선택하여 (ii)의 경우를 적용할 수도 있고, 두 번째 표현을 선택하여 (iii)의 경우를 적용할 수도 있다. 그러나 (ii)의 경우를 적용하면 적분을 계산할 수 없을 것이다. (iii)의 경우를 적용해보자.

$$\int_0^1 \int_0^y e^{y^2}\, dx\, dy = \int_0^1 ye^{y^2}\, dy = \frac{e-1}{2}$$

이중적분의 응용으로 입체의 부피를 구하는 문제가 있다. $(x, y) \in R$ 에서 $f(x, y) \geq 0$ 일 때 곡면 $z = f(x, y)$와 xy평면 사이의 입체의 부피 V는

$$V = \int\int_R f(x, y)\, dx\, dy$$

로 주어진다.

예제 8.3.5 밑면의 반지름이 r이고 높이가 h인 원기둥의 부피를 구하여라.

풀이 밑면은 $R = \{(x, y) \mid x^2 + y^2 = r^2\}$, 곧

$$R = \left\{(x, y) \mid -r \leq x \leq r,\ -\sqrt{r^2 - x^2} \leq y \leq \sqrt{r^2 - x^2}\right\}$$

이고 $f(x, y) = h$이다. 원기둥의 부피 V는

$$V = \int\int_R f(x, y)\, dx\, dy = \int_{-r}^{r} \int_{-\sqrt{r^2 - x^2}}^{\sqrt{r^2 - x^2}} h\, dy\, dx$$

이다. 계산하면

$$V = \int_{-r}^{r} hy \Big|_{-\sqrt{r^2 - x^2}}^{\sqrt{r^2 - x^2}} dx = \int_{-r}^{r} 2h\sqrt{r^2 - x^2}\, dx$$

삼각치환을 사용하자. $x = r\sin\theta$로 치환하면 $dx = r\cos\theta\, d\theta$이고 $x = -r$이면 $\theta = -\frac{\pi}{2}$, $x = r$이면 $\theta = \frac{\pi}{2}$이므로

$$V = \int_{-\frac{\pi}{2}}^{\frac{\pi}{2}} 2r^2 h\cos^2\theta\, d\theta = r^2 h\left(\theta + \frac{\sin 2\theta}{2}\right)\Big|_{-\frac{\pi}{2}}^{\frac{\pi}{2}} = \pi r^2 h$$

변수가 3개인 다변수 함수의 적분을 삼중적분이라 한다. 삼중적분은 이중적분과 마찬가지 방법으로 계산한다. 변수가 4개 이상인 적분도 기본적인 사고방식은 같다고 볼 수 있

다. 일반적으로 변수가 2개 이상인 적분을 어울러서 **중적분**이라 한다.

예제 8.3.6 다음 삼중적분을 구하여라.

(1) $\int_0^1\int_{-1}^1\int_{-1}^0 (x+y+z)\,dz\,dy\,dx$ (2) $\int_0^1\int_0^z\int_y^z x\,dx\,dy\,dz$

풀이 (1) 안쪽부터 적분해 나간다.

$$\begin{aligned}&\int_0^1\int_{-1}^1\int_{-1}^0 (x+y+z)\,dz\,dy\,dx\\ &\quad=\int_0^1\int_{-1}^1\left[xz+yz+\frac{1}{2}z^2\right]_{-1}^0 dy\,dx\\ &\quad=\int_0^1\int_{-1}^1\left(x+y-\frac{1}{2}\right)dy\,dx\\ &\quad=\int_0^1(2x-1)\,dx\\ &\quad=0\end{aligned}$$

(2) 마찬가지 방법으로

$$\begin{aligned}\int_0^1\int_0^z\int_y^z x\,dx\,dy\,dz&=\int_0^1\int_0^z\frac{1}{2}(z^2-y^2)\,dy\,dz\\ &=\int_0^1\frac{1}{3}z^3\,dz\\ &=\frac{1}{12}\end{aligned}$$

8.3 연 | 습 | 문 | 제

1 다음 이중적분을 구하여라

(1) $\int_0^3 \int_{-1}^2 2\,dy\,dx$ (2) $\int_{-1}^1 \int_0^3 x\,dx\,dy$

(3) $\int_0^1 \int_0^1 ye^x\,dx\,dy$ (4) $\int_1^e \int_0^{\frac{1}{x}} \ln x\,dy\,dx$

(5) $\int_{-\frac{\pi}{4}}^{\frac{\pi}{4}} \int_0^y \cos x\,dx\,dy$ (6) $\int_0^{\sqrt{\frac{\pi}{4}}} \int_0^y \sin y^2\,dx\,dy$

2 다음 주어진 영역과 함수에 대하여 $\int\int_R f(x, y)\,dx\,dy$를 구하여라.

(1) $R = [0, 1] \times [2, 3]$, $f(x, y) = x + y$

(2) $R = (x, y) | 0 \le x \le \pi$, $\sin x \le y \le 1$, $f(x, y) = 2y + 1$

(3) $R = [-1, 1] \times [0, \pi]$, $f(x, y) = x\sqrt{\sin y}$

(4) $R = (x, y) | 0 \le x \le 1$, $\sqrt{x} \le y \le 1$, $f(x, y) = e^{y^3}$

3 밑면이 $x = 0$, $y = 0$, $x + y = 1$로 둘러싸인 삼각형이고, 높이가 h인 삼각기둥의 부피를 구하여라.

4 $z = 4 - x^2 - y^2$와 xy평면으로 둘러싸인 입체의 부피를 구하여라.

5 반지름 r인 구의 부피를 구하여라.

6 다음 삼중적분을 구하여라.

(1) $\int_{-1}^1 \int_{-1}^1 \int_{-1}^1 (x + y + z)\,dx\,dy\,dz$ (2) $\int_0^1 \int_0^x \int_0^z y\,dy\,dz\,dx$

(3) $\int_1^3 \int_1^e \int_0^{\ln x} \frac{1}{x}\,dy\,dx\,dz$ (4) $\int_0^\pi \int_0^\pi \int_0^y \cos z\,dz\,dy\,dx$

이공학도를
위 한
대학수학

제 9 장 벡터와 행렬

벡터는 물리적 현상을 수식으로 표현할 때 매우 유용하게 사용되는 개념이다. 물체의 운동, 전자기장 등을 설명할 때 벡터를 사용한다. 수학에서는 벡터를 사용하여 기하학적인 개념들을 단순하고 명료하게 표현한다.

행렬은 벡터와 관련된 이론들을 쉽게 이해할 수 있도록 도와주며 현대 과학에서 빼놓을 수 없는 중요한 도구이다.

이 장에서는 벡터의 몇 가지 성질을 알아본다. 또 행렬의 행렬식을 정의하고 계산한다.

9.1 벡터의 표현

움직이는 물체의 속도는 속력이라는 크기와 움직이는 방향으로 결정된다. 이렇게 크기와 방향을 가지는 양을 벡터(vector)라 한다.

기하학적으로 벡터는 화살표로 표현된다. 화살표의 길이는 벡터의 크기를 나타내고 화살표의 방향은 벡터의 방향을 나타낸다. 점 P에서 점 Q까지 화살표를 그려 표현한 벡터는 $\overrightarrow{PQ}$로 쓴다(그림 9.1). 이 벡터의 크기는 선분 PQ의 길이와 같으며 방향은 점 P에서 점 Q를 가리키는 방향이다. 이때 점 P를 벡터 $\overrightarrow{PQ}$의 시점, 점 Q를 종점이라 한다.

벡터는 크기와 방향으로 결정된다. 따라서 크기와 방향이 같은 두 벡터는 같은 벡터가 된다. 곧, 벡터 $\overrightarrow{PQ}$와 벡터 $\overrightarrow{AB}$의 크기와 방향이 같으면 $\overrightarrow{PQ} = \overrightarrow{AB}$이다(그림 9.2). 이때, 사각형 $ABQP$는 평행사변형이다. 역으로, 사각형 $ABQP$가 평행사변형이면 $\overrightarrow{PQ} = \overrightarrow{AB}$이다.

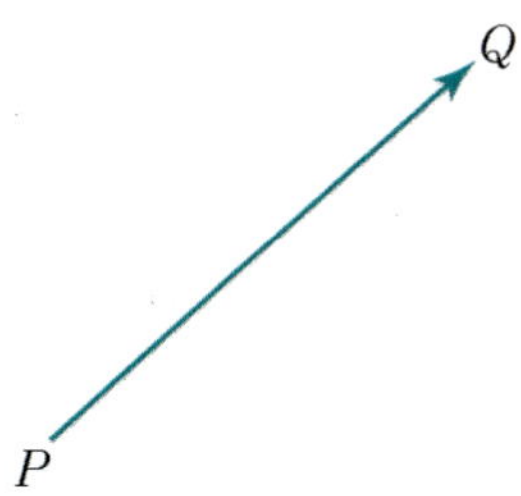

그림 9.1 벡터

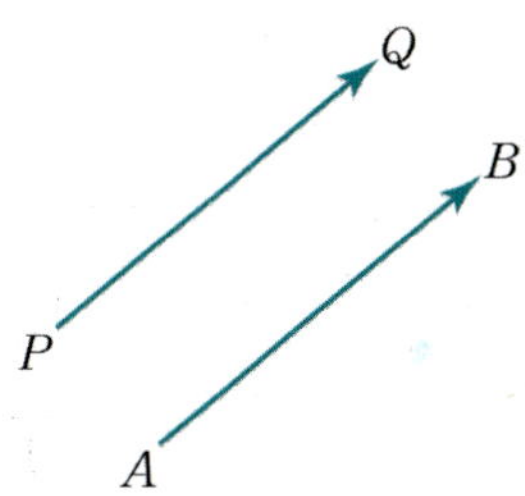

그림 9.2 같은 두 벡터

두 벡터 $\overrightarrow{AB}$와 $\overrightarrow{AC}$의 덧셈을 정의하자. 덧셈은 합이라고도 한다. 사각형 $ABDC$가 평행사변형이 되도록 점 D를 선택하자. 두 벡터 $\overrightarrow{AB}$와 $\overrightarrow{AC}$의 합을 $\overrightarrow{AD}$로 정의하고

$$\overrightarrow{AB} + \overrightarrow{AC} = \overrightarrow{AD}$$

로 적는다(그림 9.3).

점 D를 선택하는 과정은 다음과 같다. 벡터 $\overrightarrow{AC}$를 평행 이동하여 시점이 B가 되도록 한다. 평행 이동한 벡터의 끝점을 D라 한다. 곧, $\overrightarrow{AC} = \overrightarrow{BD}$가 되도록 점 D를 선택한다.

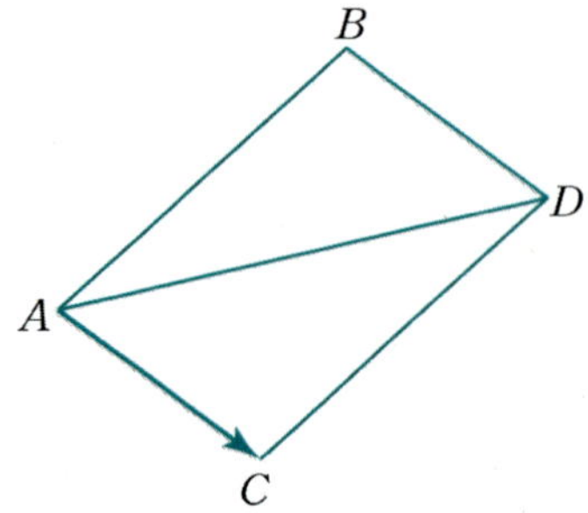

그림 9.3 벡터의 덧셈

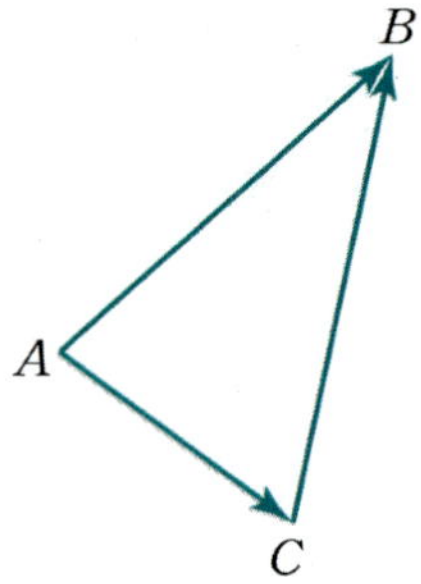

그림 9.4 벡터의 뺄셈

두 벡터 $\overrightarrow{AB}$와 $\overrightarrow{AC}$의 **뺄셈**은

$$\overrightarrow{AB} - \overrightarrow{AC} = \overrightarrow{CB}$$

로 정의한다. 뺄셈은 차라고도 한다.

시점과 종점이 같은 벡터를 **영벡터**라 하고 $\mathbf{0}$으로 적는다. 곧,

$$\mathbf{0} = \overrightarrow{AA}$$

이다. 벡터 $\overrightarrow{AB}$에 대하여 $\overrightarrow{AB} + \overrightarrow{BA} = \mathbf{0}$이다. 곧, $\overrightarrow{BA}$는 덧셈에 관한 $\overrightarrow{AB}$의 역원이다. 따라서 $\overrightarrow{BA} = -\overrightarrow{AB}$로 적는다.

벡터의 뺄셈 $\overrightarrow{AB} - \overrightarrow{AC}$는 다음과 같이 덧셈으로 고쳐서 계산할 수 있다.

$$\begin{aligned} \overrightarrow{AB} - \overrightarrow{AC} &= \overrightarrow{AB} + (-\overrightarrow{AC}) \\ &= \overrightarrow{AB} + \overrightarrow{CA} \\ &= \overrightarrow{CA} + \overrightarrow{AB} \\ &= \overrightarrow{CB} \end{aligned}$$

일반적으로 벡터의 시점과 종점을 밝히지 않고 적는 경우 $\mathbf{u}$, $\mathbf{v}$, $\mathbf{w}$와 같이 굵은 글씨체를 사용한다.

벡터 $\mathbf{v}$를 나타내는 화살표는 무수히 많다. 그러나 시점을 원점으로 하는 화살표는 단 하나밖에 없다. 이것을 **위치 벡터**라 한다. 위치 벡터는 그 종점의 좌표를 벡터의 좌표로 사용한다.

좌표평면의 원점 O를 시점, 점 $P(a, b)$를 종점으로 가지는 위치 벡터 $\mathbf{v} = \overrightarrow{OP}$의 좌표는 (a, b)이고

$$\mathbf{v} = (a, b)$$

와 같이 적는다. 이때 a, b를 벡터 $\mathbf{v}$의 성분이라 한다. 좌표평면 위의 벡터는 평면 벡터라 한다.

마찬가지로 좌표 공간의 원점 O를 시점, 점 $P(a, b, c)$를 종점으로 가지는 위치 벡터 $\mathbf{v} = \overrightarrow{OP}$의 좌표는 (a, b, c)이고 $\mathbf{v} = (a, b, c)$와 같이 적는다. 이때에도 a, b, c를 벡터 $\mathbf{v}$의 성분이라 한다. 좌표 공간 위의 벡터는 공간 벡터라 한다.

평면 벡터는 좌표의 마지막에 0을 추가하면 공간 벡터가 된다. 다시 말하면, $\mathbf{v} = (a, b)$를 $\mathbf{v} = (a, b, 0)$으로 나타내면 공간 벡터가 된다. 따라서 이 절에서는 공간 벡터만 설명한다.

위에서 시점과 종점이 일치하는 벡터를 영벡터 $\mathbf{0}$이라 하였다. 영벡터의 좌표는

$$\mathbf{0} = (0, 0, 0)$$

이고 크기는 0이다. 좌표축과 평행한 세 벡터

$$\mathbf{i} = (1, 0, 0),\ \mathbf{j} = (0, 1, 0),\ \mathbf{k} = (0, 0, 1)$$

을 기본 단위 벡터라 한다.

위에서 정의한 두 벡터의 덧셈을 좌표로 정의하자.

정의 9.1.1

두 벡터 $\mathbf{u} = (u_1, u_2, u_3)$와 $\mathbf{v} = (v_1, v_2, v_3)$의 덧셈은 다음과 같이 정의한다.

$$\mathbf{u} + \mathbf{v} = (u_1 + v_1, u_2 + v_2, u_3 + v_3)$$

벡터의 덧셈은 결합법칙, 교환법칙이 성립하고, 영벡터를 덧셈에 관한 항등원으로 가진다. 곧, 세 벡터 $\mathbf{u}$, $\mathbf{v}$, $\mathbf{w}$에 대하여

[1] $\mathbf{u} + (\mathbf{v} + \mathbf{w}) = (\mathbf{u} + \mathbf{v}) + \mathbf{w}$

[2] $\mathbf{u} + \mathbf{v} = \mathbf{v} + \mathbf{u}$

[3] $\mathbf{u} + \mathbf{0} = \mathbf{0} + \mathbf{u} = \mathbf{u}$

가 성립한다.

두 벡터의 뺄셈을 좌표로 정의하자.

정의 9.1.2

두 벡터 $\mathbf{u} = (u_1, u_2, u_3)$와 $\mathbf{v} = (v_1, v_2, v_3)$의 뺄셈은 다음과 같이 정의한다.

$$\mathbf{u} - \mathbf{v} = (u_1 - v_1, u_2 - v_2, u_3 - v_3)$$

벡터와 구별하여 크기는 있지만 방향이 없는 양을 스칼라(scalar)라 한다. 이 책에서는 스칼라와 실수를 구분하지 않아도 된다. 여기서 벡터에 대한 스칼라 곱을 정의하자.

정의 9.1.3

벡터 $\mathbf{v} = (v_1, v_2, v_3)$에 실수 a를 곱하는 스칼라 곱은 다음과 같이 정의한다.

$$a\mathbf{v} = (av_1, av_2, av_3)$$

양의 실수 a에 대하여 $a\mathbf{v}$는 벡터 $\mathbf{v}$와 방향은 같고 크기가 a배인 벡터이다. 음의 실수 a에 대하여 $a\mathbf{v}$는 벡터 $\mathbf{v}$와 방향은 반대이고 크기가 a배인 벡터이다. 또, a가 0이면 $a\mathbf{v}$는 영벡터이다.

스칼라 곱은 다음과 같은 성질을 가진다. 두 실수 a, b와 두 벡터 $\mathbf{u}$, $\mathbf{v}$에 대하여

[1] $1\mathbf{v} = \mathbf{v}$

[2] $0\mathbf{v} = \mathbf{0}$

[3] $a(\mathbf{u} + \mathbf{v}) = a\mathbf{u} + a\mathbf{v}$

[4] $(a+b)\mathbf{v} = a\mathbf{v} + b\mathbf{v}$

[5] $(ab)\mathbf{v} = a(b\mathbf{v})$

예제 9.1.1 두 벡터 $\mathbf{u} = (1, 3, 2)$, $\mathbf{v} = (5, 2, -1)$에 대하여 다음을 구하여라.

(1) $\mathbf{u} + \mathbf{v}$ (2) $\mathbf{u} - \mathbf{v}$

(3) $3\mathbf{u} + 2\mathbf{v}$ (4) $3\mathbf{u} - 2\mathbf{v}$

풀이 (1) 각 좌표끼리 더하면 $\mathbf{u} + \mathbf{v} = (1+5, 3+2, 2-1) = (6, 5, 1)$을 얻는다.

(2) $(-4, 1, 3)$ (3) $(13, 13, 4)$

(4) $(-7, 5, 8)$

예제 9.1.2 다음을 계산하여라.

(1) $\mathbf{i} + 2\mathbf{j}$ (2) $3\mathbf{i} - 2\mathbf{j} + 5\mathbf{k}$

풀이 (1) $(1, 0, 0) + 2(0, 1, 0) = (1, 2, 0)$

(2) $3(1, 0, 0) - 2(0, 1, 0) + 5(0, 0, 1) = (3, -2, 5)$

9.1 연습문제

1 두 벡터 $\mathbf{u}=(1, 0, -3)$, $\mathbf{v}=(5, -2, 3)$에 대하여 다음 벡터를 구하여라.

(1) $\mathbf{u}+\mathbf{v}$

(2) $\mathbf{u}-\mathbf{v}$

(3) $3\mathbf{u}$

(4) $-2\mathbf{v}$

(5) $4\mathbf{u}+2\mathbf{v}$

(6) $3\mathbf{u}-2\mathbf{v}$

(7) $3\mathbf{u}-\mathbf{j}+3\mathbf{k}$

(8) $\mathbf{v}-5\mathbf{i}+2\mathbf{j}-3\mathbf{k}$

2 세 벡터 $\mathbf{u}=(3, 1, 0)$, $\mathbf{v}=(0, 0, 2)$, $\mathbf{w}=(0, 1, 2)$에 대하여 다음을 구하여라.

(1) $a\mathbf{u}+b\mathbf{v}+c\mathbf{w}=\mathbf{i}$를 만족하는 실수 a, b, c

(2) $a\mathbf{u}+b\mathbf{v}+c\mathbf{w}=\mathbf{0}$을 만족하는 실수 a, b, c

3 벡터 $\mathbf{w}=(0, -7, 2)$에 대하여 다음을 구하여라.

(1) $a\mathbf{i}+b\mathbf{j}+c\mathbf{k}=\mathbf{w}$를 만족하는 실수 a, b, c

(2) $a(0, 2, 1)+b(0, 1, -1)=\mathbf{w}$를 만족하는 실수 a, b

9.2 벡터의 내적

이 절에서는 벡터의 크기, 두 벡터가 이루는 각과 같은 기하학적인 성질을 알아본다. 또, 이들을 계산하기 위한 도구인 내적에 대하여 알아본다.

먼저 내적을 정의하자.

정의 9.2.1

두 벡터 $\mathrm{u} = (u_1, u_2, u_3)$와 $\mathrm{v} = (v_1, v_2, v_3)$의 내적은 다음과 같이 정의한다.

$$\mathrm{u} \cdot \mathrm{v} = u_1v_1 + u_2v_2 + u_3v_3$$

내적은 다음과 같은 성질을 갖는다. 실수 a와 세 벡터 u, v, w에 대하여

[1] $\mathrm{u} \cdot \mathrm{v} = \mathrm{v} \cdot \mathrm{u}$

[2] $\mathrm{u} \cdot (\mathrm{v} + \mathrm{w}) = \mathrm{u} \cdot \mathrm{v} + \mathrm{u} \cdot \mathrm{w}$

[3] $(a\mathrm{u}) \cdot \mathrm{v} = \mathrm{u} \cdot (a\mathrm{v}) = a(\mathrm{u} \cdot \mathrm{v})$

예제 9.2.1 두 벡터 $\mathrm{u} = (1, -2, 3)$, $\mathrm{v} = (3, 2, -3)$의 내적을 계산하여라.

풀이 내적의 정의에 의하여

$$\mathrm{u} \cdot \mathrm{v} = 3 - 4 - 9 = 10$$

정의 9.2.2

벡터 $\mathrm{v} = (v_1, v_2, v_3)$의 크기 $\|\mathrm{v}\|$는

$$\|\mathrm{v}\| = \sqrt{\mathrm{v} \cdot \mathrm{v}} = \sqrt{v_1^2 + v_2^2 + v_3^2}$$

로 정의한다.

벡터 v의 크기 $\|\mathrm{v}\|$를 노름(norm)이라고도 한다.

크기가 1인 벡터를 단위 벡터라 한다. 벡터 v가 영벡터가 아닐 때, 벡터 $\frac{1}{\|\mathrm{v}\|}\mathrm{v}$는 크

기가 1인 벡터임을 쉽게 확인할 수 있다. 따라서 v와 방향이 같은 단위 벡터이다.

예제 9.2.2 다음 벡터의 크기를 구하여라.

(1) $\left(\frac{1}{3},\ \frac{2}{3},\ -\frac{2}{3}\right)$ (2) $(1,\ -2,\ 7)$

풀이 (1) $\sqrt{\left(\frac{1}{3}\right)^2+\left(\frac{2}{3}\right)^2+\left(-\frac{2}{3}\right)^2}=1$

(2) $\sqrt{1^2+(-2)^2+7^2}=3\sqrt{6}$

예제 9.2.3 벡터 $(2,\ -1,\ -2)$와 방향이 같은 단위 벡터를 구하여라.

풀이 주어진 벡터의 크기는 $\sqrt{4+1+4}=3$이므로 방향이 같은 단위 벡터는 $\left(\frac{2}{3},\ -\frac{1}{3},\ -\frac{2}{3}\right)$이다.

예제 9.2.4 임의의 실수 a와 벡터 v에 대하여 $\|a\mathrm{v}\|=|a|\,\|\mathrm{v}\|$임을 증명하여라.

풀이 $\mathrm{v}=(v_1,\ v_2,\ v_3)$이라 하자. $a\mathrm{v}=(av_1,\ av_2,\ av_3)$이므로

$$\begin{aligned}\|a\mathrm{v}\| &= \sqrt{a^2v_1^2+a^2v_2^2+a^2v_3^2}\\ &= |a|\sqrt{v_1^2+v_2^2+v_3^2}\\ &= |a|\,\|\mathrm{v}\|\end{aligned}$$

이다.

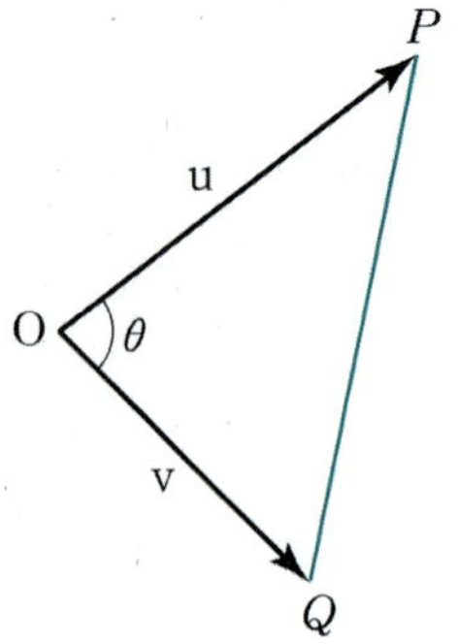

그림 9.5 두 벡터 사이의 각도

내적은 기하학적으로 두 벡터 사이의 각도를 포함한 개념이다. 따라서 내적으로부터 각도를 얻을 수 있다. 그 과정을 살펴보자. 원점이 아닌 두 점 $P(u_1, u_2, u_3)$, $Q(v_1, v_2, v_3)$에 대하여 $\mathrm{u} = \overrightarrow{OP}$, $\mathrm{v} = \overrightarrow{OQ}$라 하자(그림 9.5). 두 점 P, Q 사이의 거리 PQ의 정의로부터 다음을 얻는다.

$$\begin{aligned} PQ^2 &= (v_1 - u_1)^2 + (v_2 - u_2)^2 + (v_3 - u_3)^2 \\ &= u_1^2 + u_2^2 + u_3^2 + v_1^2 + v_2^2 + v_3^2 - 2(u_1 v_1 + u_2 v_2 + u_3 v_3) \\ &= \|\mathrm{u}\|^2 + \|\mathrm{v}\|^2 - 2\mathrm{u} \cdot \mathrm{v} \end{aligned}$$

각 POQ를 θ라 하고 삼각형 OPQ에 대하여 코사인 제2법칙을 적용하면

$$PQ^2 = \|\mathrm{u}\|^2 + \|\mathrm{v}\|^2 - 2\|\mathrm{u}\|\|\mathrm{v}\|\cos\theta$$

를 얻는다. 두 식으로부터 $\cos\theta$를 구하면

$$\cos\theta = \frac{\mathrm{u} \cdot \mathrm{v}}{\|\mathrm{u}\|\|\mathrm{v}\|}$$

를 얻는다.

예제 9.2.5 다음 두 벡터 사이의 각을 구하여라.

(1) $(3, 0, 0)$, $(\sqrt{2}, 0, \sqrt{2})$ (2) $(1, -1, 2)$, $(1, 1, 1)$

풀이 (1) $\cos\theta = \dfrac{(3, 0, 0) \cdot (\sqrt{2}, 0, \sqrt{2})}{\|(3, 0, 0)\| \|(\sqrt{2}, 0, \sqrt{2})\|} = \dfrac{\sqrt{2}}{2}$이므로 $\theta = \dfrac{\pi}{4}$이다.

(2) $\cos\theta = \dfrac{\sqrt{2}}{3}$이므로 $\theta = \arccos\dfrac{\sqrt{2}}{3}$이다.

두 벡터 사이의 각도가 0이거나 π이면 이 두 벡터는 **평행**하다고 한다. 각도가 0이면 두 벡터는 같은 방향이고 π이면 반대 방향이다. 또 두 벡터 사이의 각도가 $\dfrac{\pi}{2}$이면 **수직**이라고 한다. 따라서 두 벡터 u, v가 수직일 필요충분조건은 $\mathrm{u} \cdot \mathrm{v} = 0$이다.

두 벡터 사이의 각 θ는

$$\mathrm{u} \cdot \mathrm{v} = \|\mathrm{u}\|\|\mathrm{v}\|\cos\theta$$

를 만족한다. $|\cos\theta| \le 1$이므로

$$\begin{aligned} |\mathrm{u} \cdot \mathrm{v}| &= |\|\mathrm{u}\|\|\mathrm{v}\|\cos\theta| \\ &\le \|\mathrm{u}\|\|\mathrm{v}\| \end{aligned}$$

가 성립한다. 이 부등식을 코시-슈바르츠 부등식이라 한다.

정리 9.2.1 코시-슈바르츠 부등식

두 벡터 u, v에 대하여 다음 부등식이 성립한다.

$$|\mathbf{u}\cdot\mathbf{v}| \le \|\mathbf{u}\|\,\|\mathbf{v}\|$$

등호는 u와 v가 평행할 때만 성립한다.

삼각형의 한 변의 길이는 다른 두 변의 길이의 합보다 작다. 여기서 나타나는 부등식을 삼각 부등식이라 한다.

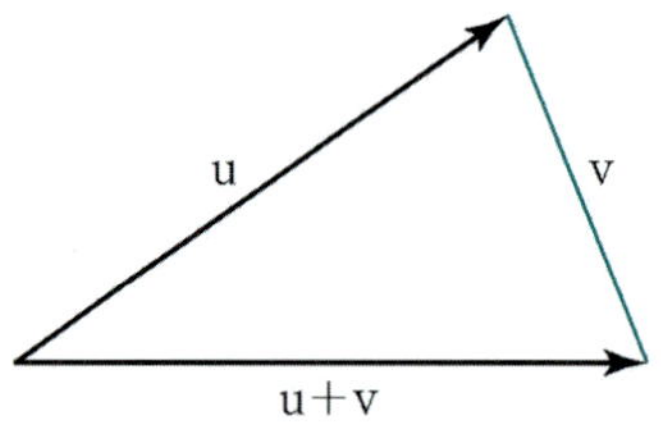

그림 9.6 삼각 부등식

정리 9.2.2 삼각 부등식

두 벡터 u, v에 대하여 다음 부등식이 성립한다.

$$\|\mathbf{u}+\mathbf{v}\| \le \|\mathbf{u}\|+\|\mathbf{v}\|$$

등호는 u, v가 같은 방향일 때만 성립한다.

풀이 양변을 제곱하여 크기를 비교한다. 먼저 좌변을 제곱하면

$$\begin{aligned}\|\mathbf{u}+\mathbf{v}\|^2 &= (\mathbf{u}+\mathbf{v})\cdot(\mathbf{u}+\mathbf{v})\\ &= \|\mathbf{u}\|^2+\|\mathbf{v}\|^2+2\mathbf{u}\cdot\mathbf{v}\end{aligned}$$

를 얻는다. 우변의 제곱은

$$(\|\mathbf{u}\|+\|\mathbf{v}\|)^2 = \|\mathbf{u}\|^2+\|\mathbf{v}\|^2+2\|\mathbf{u}\|\,\|\mathbf{v}\|$$

이다. 코시-슈바르츠 부등식에 의하여 $\mathbf{u}\cdot\mathbf{v} \le \|\mathbf{u}\|\|\mathbf{v}\|$이므로 정리의 부

등식이 성립한다. 등호는 $\mathrm{u}\cdot\mathrm{v} \le \|\mathrm{u}\|\|\mathrm{v}\|$일 때, 곧 $\cos\theta = 1$일 때 성립한다. u, v가 같은 방향일 때 등호가 성립함을 알 수 있다.

사영은 수선의 발을 벡터로 표현한 것으로 매우 중요한 기하학적인 개념이다. 벡터의 사영에 대하여 알아보자.

점 Q에서 직선 OP 위로의 정사영을 F라 하자. 이때 벡터 $\overrightarrow{OF}$를 벡터 $\overrightarrow{OP}$에 대한 벡터 $\overrightarrow{OQ}$의 **사영**이라 한다(그림 9.7).

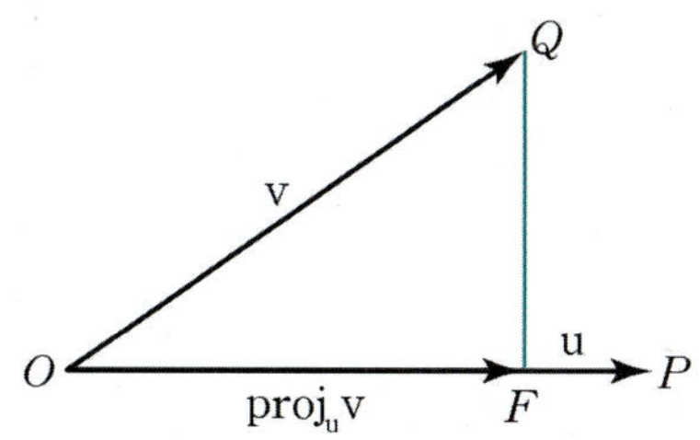

그림 9.7 **벡터의 사영**

$\mathrm{u} = \overrightarrow{OP}$, $\mathrm{v} = \overrightarrow{OQ}$라 하자. 벡터 $\overrightarrow{OF}$는 u와 평행이므로

$$\overrightarrow{OF} = k\mathrm{u}$$

를 만족하는 실수 k가 존재한다. 벡터 $\overrightarrow{FQ} = \mathrm{v} - \overrightarrow{OF} = \mathrm{v} - k\mathrm{u}$가 u와 수직이므로

$$\mathrm{u}\cdot(\mathrm{v} - k\mathrm{u}) = 0$$

이 성립한다. k에 대하여 풀면 $k = \dfrac{\mathrm{u}\cdot\mathrm{v}}{\mathrm{u}\cdot\mathrm{u}}$를 얻는다. 따라서

$$\overrightarrow{OF} = \frac{\mathrm{u}\cdot\mathrm{v}}{\mathrm{u}\cdot\mathrm{u}}\mathrm{u}$$

를 얻는다.

벡터 u에 대한 벡터 v의 사영을 $\mathrm{proj}_{\mathrm{u}}\mathrm{v}$로 적고 다음과 같이 정의한다.

$$\mathrm{proj}_{\mathrm{u}}\mathrm{v} = \frac{\mathrm{u}\cdot\mathrm{v}}{\mathrm{u}\cdot\mathrm{u}}\mathrm{u}$$

예제 9.2.6 다음 두 벡터 u, v에 대하여 $\mathrm{proj}_{\mathrm{u}}\mathrm{v}$를 구하여라.

(1) $\mathrm{u} = (1, 2, -2)$, $\mathrm{v} = (1, 1, 1)$

(2) $\mathbf{u} = \mathbf{i}$, $\mathbf{v} = (3, -1, 2)$

풀이 (1) $\mathbf{u} \cdot \mathbf{u} = 9$, $\mathbf{u} \cdot \mathbf{v} = 1$이므로

$$\mathrm{proj}_{\mathbf{u}}\mathbf{v} = \frac{1}{9}\mathbf{u} = \left(\frac{1}{9}, \frac{2}{9}, -\frac{2}{9}\right)$$

이다.

(2) $\mathbf{u} \cdot \mathbf{u} = 1$, $\mathbf{u} \cdot \mathbf{v} = 3$이므로

$$\mathrm{proj}_{\mathbf{u}}\mathbf{v} = 3\mathbf{i} = (3, 0, 0)$$

이다.

9.2 연 | 습 | 문 | 제

1 다음 벡터의 크기를 구하여라.

(1) $(1, 1, -2)$　　(2) $(3, 3, -3)$

(3) $\mathbf{i}+\mathbf{j}+\mathbf{k}$　　(4) $6\mathbf{i}-\mathbf{j}+2\mathbf{k}$

2 다음 벡터를 구하여라.

(1) $(3, 3, -3)$ 방향의 단위 벡터　　(2) $(2, -1, 0)$ 방향의 단위 벡터

3 두 벡터 $\mathbf{u}=(1, 0, -3)$, $\mathbf{v}=(1, -2, 1)$에 대하여 다음을 구하여라.

(1) $\mathbf{u}\cdot\mathbf{v}$　　(2) $\mathbf{u}\cdot(2\mathbf{v})$

(3) $\mathbf{u}\cdot(\mathbf{u}+\mathbf{v})$　　(4) $(3\mathbf{u}-2\mathbf{v})\cdot\mathbf{v}$

(5) $\|\mathbf{u}-\mathbf{v}\|$　　(6) $\|-2\mathbf{v}\|$

4 다음 두 벡터가 이루는 각을 구하여라.

(1) $(1, 0, 0)$, $(0, 2, 3)$　　(2) $(1, 0, 1)$, $(0, 0, -\sqrt{3})$

(3) $(1, 2, 3)$, $(-1, -2, -3)$　　(4) $(3, 4, 5)$, $(-2, -1, 2)$

(5) $(1, 0, 0)$, $(1, 1, 1)$　　(6) $(-3, 4, 1)$, $(-1, 1, 4)$

5 다음 두 벡터 $\mathbf{u}$, $\mathbf{v}$ 에 대하여 $\mathrm{proj}_{\mathbf{u}}\mathbf{v}$ 를 구하여라.

(1) $\mathbf{u}=(3, 4, 5)$, $\mathbf{v}=(2, 1, -2)$　　(2) $\mathbf{u}=(1, 2, 3)$, $\mathbf{v}=(0, 0, 1)$

(3) $\mathbf{u}=(2, 4, 1)$, $\mathbf{v}=(1, 1, -2)$　　(4) $\mathbf{u}=(3, 1, 0)$, $\mathbf{v}=(1, 0, 5)$

9.3 행렬과 행렬식

연립방정식으로부터 출발한 행렬은 수학 전반에 걸쳐 다양하게 사용된다. 또 공학, 경제학 등 여러 학문 분야에서 응용된다. 이 절에서는 행렬의 연산 및 행렬식에 대하여 알아본다.

mn개의 실수 a_{11}, a_{12}, $\cdots$, a_{1n}, $\cdots$, a_{m1}, a_{m2}, $\cdots$, a_{mn}을

$$\begin{pmatrix} a_{11} & a_{12} & \cdots & a_{1n} \\ a_{21} & a_{22} & \cdots & a_{2n} \\ \vdots & \vdots & \ddots & \vdots \\ a_{m1} & a_{m2} & \cdots & a_{mn} \end{pmatrix}$$

과 같이 직사각형으로 나열한 것을 $m \times n$ 행렬이라 한다. 이 행렬은 간단히 (a_{ij})로 쓰기도 한다. a_{ij}를 $(i,\ j)$성분이라 한다. i번째 행

$$a_{i1}\ a_{i2}\ \cdots\ a_{in}$$

을 i행이라 하고 j번째 열

$$\begin{matrix} a_{1j} \\ a_{2j} \\ \vdots \\ a_{mj} \end{matrix}$$

을 j열이라 한다.

행의 개수 m과 열의 개수 n이 같으면 정사각행렬이라 하고 $n \times n$행렬을 n차 정사각행렬이라 한다. 모든 성분이 0인 행렬을 영행렬이라 하고 0으로 쓴다. n차 정사각행렬 중 대각성분 a_{11}, $\cdots$, a_{nn}이 모두 1이고 나머지 성분이 모두 0인 행렬을 단위행렬이라 하고 I_n 또는 단순히 I라 쓴다.

두 $m \times n$ 행렬 $A=(a_{ij})$와 $B=(b_{ij})$의 덧셈을 $A+B=(a_{ij}+b_{ij})$로 정의하고 뺄셈을 $A-B=(a_{ij}-b_{ij})$로 정의한다. 다시 말하면,

$$A+B=\begin{pmatrix} a_{11}+b_{11} & \cdots & a_{1n}+b_{1n} \\ \vdots & \ddots & \vdots \\ a_{m1}+b_{m1} & \cdots & a_{mn}+b_{mn} \end{pmatrix}$$

$$A-B=\begin{pmatrix} a_{11}-b_{11} & \cdots & a_{1n}-b_{1n} \\ \vdots & \ddots & \vdots \\ a_{m1}-b_{m1} & \cdots & a_{mn}-b_{mn} \end{pmatrix}$$

이다. 또, 실수 k와 행렬 A의 곱셈을 $kA=(ka_{ij})$로 정의한다.

$$kA=\begin{pmatrix} ka_{11} & \cdots & ka_{1n} \\ \vdots & \ddots & \vdots \\ ka_{m1} & \cdots & ka_{mn} \end{pmatrix}$$

예제 9.3.1 다음 행렬을 구하여라.

(1) $\begin{pmatrix} 2 & 2 & -1 \\ 3 & 1 & 4 \end{pmatrix}+\begin{pmatrix} 1 & -1 & 0 \\ 2 & -2 & 1 \end{pmatrix}$　　(2) $\begin{pmatrix} 2 & 2 & -1 \\ 3 & 1 & 4 \end{pmatrix}-\begin{pmatrix} 1 & -1 & 0 \\ 2 & -2 & 1 \end{pmatrix}$

(3) $-2I_2$　　(4) $2\begin{pmatrix} 2 & -1 \\ 3 & 1 \end{pmatrix}-\begin{pmatrix} 1 & 0 \\ 2 & -2 \end{pmatrix}$

풀이 (1) $\begin{pmatrix} 3 & 1 & -1 \\ 5 & -1 & 5 \end{pmatrix}$　　(2) $\begin{pmatrix} 1 & 3 & -1 \\ 1 & 3 & 3 \end{pmatrix}$

(3) $\begin{pmatrix} -2 & 0 \\ 0 & -2 \end{pmatrix}$　　(4) $\begin{pmatrix} 3 & -2 \\ 4 & 4 \end{pmatrix}$

$m\times n$행렬 A와 $n\times k$행렬 B의 곱셈은

$$AB=(c_{ij}),\ \ c_{ij}=a_{i1}b_{1j}+\cdots+a_{in}b_{nj}$$

로 정의한다. 이때 AB는 $m\times k$행렬이 된다.

예제 9.3.2 다음 행렬의 곱셈을 계산하여라.

(1) $\begin{pmatrix} 1 & -1 \\ 2 & 1 \end{pmatrix}\begin{pmatrix} 0 & 2 & -1 \\ 1 & 1 & 4 \end{pmatrix}$　　(2) $\begin{pmatrix} 2 \\ 3 \end{pmatrix}(1\ \ -1)$

풀이 (1) $\begin{pmatrix} -1 & 1 & -5 \\ 1 & 5 & 2 \end{pmatrix}$　　(2) $\begin{pmatrix} 2 & -2 \\ 3 & -3 \end{pmatrix}$

정사각행렬에 대하여 실수를 대응시키는 행렬식을 정의하자. n차 정사각행렬 A의 행렬식은 $\det A$ 또는 $|A|$로 적는다.

정의 9.3.1

2차 정사각행렬 $A=\begin{pmatrix} a & b \\ c & d \end{pmatrix}$의 행렬식은

$$\det A=ad-bc$$

로 정의한다.

2차 정사각행렬 $\begin{pmatrix} a & b \\ c & d \end{pmatrix}$의 행렬식을 $\begin{vmatrix} a & b \\ c & d \end{vmatrix}$와 같이 쓰기도 한다.

예제 9.3.3 다음 행렬의 행렬식을 구하여라.

(1) $\begin{pmatrix} 1 & 2 \\ 3 & 5 \end{pmatrix}$ (2) I_2

풀이 (1) $\begin{vmatrix} 1 & 2 \\ 3 & 5 \end{vmatrix} = 1\cdot 5 - 2\cdot 3 = -1$ (2) $\det I_2 = \begin{vmatrix} 1 & 0 \\ 0 & 1 \end{vmatrix} = 1$

정의 9.3.2

3차 정사각행렬

$$A = \begin{pmatrix} a_{11} & a_{12} & a_{13} \\ a_{21} & a_{22} & a_{23} \\ a_{31} & a_{32} & a_{33} \end{pmatrix}$$

의 행렬식은

$$\det A = a_{11}a_{22}a_{33} + a_{12}a_{23}a_{31} + a_{13}a_{21}a_{32} - a_{11}a_{23}a_{32} - a_{12}a_{21}a_{33} - a_{13}a_{22}a_{31}$$

로 정의한다.

3차 정사각행렬 A의 행렬식은 다음과 같이 기억하기 좋은 식으로 바꾸어 쓸 수 있다.

$$\det A = a_{11}\begin{vmatrix} a_{22} & a_{23} \\ a_{32} & a_{33} \end{vmatrix} - a_{12}\begin{vmatrix} a_{21} & a_{23} \\ a_{31} & a_{33} \end{vmatrix} + a_{13}\begin{vmatrix} a_{21} & a_{22} \\ a_{31} & a_{32} \end{vmatrix}$$

예제 9.3.4 다음 행렬의 행렬식을 구하여라.

(1) $\begin{pmatrix} 0 & 0 & -7 \\ 3 & 1 & 2 \\ 4 & -2 & 3 \end{pmatrix}$ (2) $\begin{pmatrix} 2 & 1 & 2 \\ 1 & 1 & 1 \\ 2 & 1 & 2 \end{pmatrix}$

풀이 (1) $0\begin{vmatrix} 1 & 2 \\ -2 & 3 \end{vmatrix} - 0\begin{vmatrix} 3 & 2 \\ 4 & 3 \end{vmatrix} + (-7)\begin{vmatrix} 3 & 1 \\ 4 & -2 \end{vmatrix} = (-7)(-6-4) = 70$

(2) $2\begin{vmatrix} 1 & 1 \\ 1 & 2 \end{vmatrix} - 1\begin{vmatrix} 1 & 1 \\ 2 & 2 \end{vmatrix} + 2\begin{vmatrix} 1 & 1 \\ 2 & 1 \end{vmatrix} = 2 - 0 - 2 = 0$

9.3 연습문제

1 다음 행렬을 구하여라.

(1) $(1\ 2)+(-1\ 7)$

(2) $3(2\ -1)-2(1\ 1)$

(3) $\begin{pmatrix} 1 & 1 \\ -1 & -2 \end{pmatrix}+2\begin{pmatrix} 1 & 0 \\ 0 & 1 \end{pmatrix}$

(4) $-\begin{pmatrix} 1 & 1 & 0 \\ -1 & 0 & 1 \end{pmatrix}+2\begin{pmatrix} 3 & 3 & 7 \\ 2 & 0 & -1 \end{pmatrix}$

2 다음 두 행렬의 곱을 구하여라.

(1) $\begin{pmatrix} 1 & -2 \\ 3 & 1 \end{pmatrix}\begin{pmatrix} 2 & 3 & 2 \\ 3 & 0 & -1 \end{pmatrix}$

(2) $\begin{pmatrix} 1 & 2 \\ 2 & 1 \end{pmatrix}\begin{pmatrix} 1 \\ -1 \end{pmatrix}$

(3) $(1\ 2\ 3)\begin{pmatrix} -1 \\ -2 \\ 1 \end{pmatrix}$

(4) $\begin{pmatrix} -1 \\ -2 \\ 1 \end{pmatrix}(1\ 2\ 3)$

(5) $\begin{pmatrix} 1 & 0 & 2 \\ 0 & 3 & 0 \\ 2 & 0 & 1 \end{pmatrix}\begin{pmatrix} 1 \\ -1 \\ 2 \end{pmatrix}$

(6) $\begin{pmatrix} 1 & 0 & 2 \\ 0 & 3 & 0 \\ 2 & 0 & 1 \end{pmatrix}\begin{pmatrix} 1 & 2 & 2 \\ -1 & 2 & -1 \\ 2 & 0 & 3 \end{pmatrix}$

3 다음 행렬식을 구하여라.

(1) $\begin{vmatrix} 2 & 3 \\ 5 & 6 \end{vmatrix}$

(2) $\begin{vmatrix} \cos\theta & -\sin\theta \\ \sin\theta & \cos\theta \end{vmatrix}$

(3) $\begin{vmatrix} 1 & 0 & 0 \\ 0 & 1 & 0 \\ 0 & 0 & 1 \end{vmatrix}$

(4) $\begin{vmatrix} 2 & 2 & 1 \\ -2 & 3 & 2 \\ 2 & 3 & -2 \end{vmatrix}$

(5) $\begin{vmatrix} 1 & c & -b \\ -c & 1 & a \\ b & -a & 1 \end{vmatrix}$

(6) $\begin{vmatrix} 1 & a & a^2 \\ 1 & b & b^2 \\ 1 & c & c^2 \end{vmatrix}$

4 다음을 증명하여라.

(1) 실수 k와 2차 정사각행렬 A에 대하여 $\det(kA)=k^2\det A$이다.

(2) 실수 k와 3차 정사각행렬 A에 대하여 $\det(kA)=k^3\det A$이다.

5 2차 정사각행렬 A, B에 대하여

$$\det(AB)=\det A\ \det B$$

가 성립함을 증명하여라.

9.4 벡터의 외적

벡터의 외적은 공간 벡터에 대하여 정의된다. 도형의 넓이, 부피와 관련이 있어 계산에 자주 이용된다. 이 절에서는 외적에 대하여 알아본다.

정의 9.4.1

두 벡터 $\mathbf{u}=(u_1, u_2, u_3)$, $\mathbf{v}=(v_1, v_2, v_3)$의 외적은 $\mathbf{u}\times\mathbf{v}$로 적으며

$$\mathbf{u}\times\mathbf{v}=(u_2v_3-u_3v_2,\ u_3v_1-u_1v_3,\ u_1v_2-u_2v_1)$$

로 정의한다.

외적을 기본 단위 벡터와 행렬식을 써서 표현하면

$$\mathbf{u}\times\mathbf{v}=\left(\begin{vmatrix} u_2 & u_3 \\ v_2 & v_3 \end{vmatrix},\ \begin{vmatrix} u_3 & u_1 \\ v_3 & v_1 \end{vmatrix},\ \begin{vmatrix} u_1 & u_2 \\ v_1 & v_2 \end{vmatrix}\right)$$

또는

$$\mathbf{u}\times\mathbf{v}=\begin{vmatrix} \mathbf{i} & \mathbf{j} & \mathbf{k} \\ u_1 & u_2 & u_3 \\ v_1 & v_2 & v_3 \end{vmatrix}$$

로 쓸 수 있다.

예제 9.4.1 두 벡터 $\mathbf{u}=(3, 4, -1)$, $\mathbf{v}=(1, -1, 2)$에 대하여 $\mathbf{u}\times\mathbf{v}$와 $\mathbf{v}\times\mathbf{u}$를 구하여라.

풀이 $\mathbf{u}\times\mathbf{v}$를 계산해 보자.

$$\begin{aligned}\mathbf{u}\times\mathbf{v}&=\begin{vmatrix} \mathbf{i} & \mathbf{j} & \mathbf{k} \\ 3 & 4 & -1 \\ 1 & -1 & 2 \end{vmatrix}\\ &=\begin{vmatrix} 4 & -1 \\ -1 & 2 \end{vmatrix}\mathbf{i}-\begin{vmatrix} 3 & -1 \\ 1 & 2 \end{vmatrix}\mathbf{j}+\begin{vmatrix} 3 & 4 \\ 1 & -1 \end{vmatrix}\mathbf{k}\\ &=7\mathbf{i}-7\mathbf{j}-7\mathbf{k}\\ &=(7, -7, -7)\end{aligned}$$

$\mathbf{v} \times \mathbf{u}$는

$$\mathbf{v} \times \mathbf{u} = \begin{vmatrix} \mathbf{i} & \mathbf{j} & \mathbf{k} \\ 1 & -1 & 2 \\ 3 & 4 & -1 \end{vmatrix}$$
$$= (-7, 7, 7)$$

임을 알 수 있다.

외적의 크기를 계산해 보자. 벡터 $\mathbf{u}$와 벡터 $\mathbf{v}$가 이루는 각을 θ라 하면

$$\begin{aligned}\|\mathbf{u} \times \mathbf{v}\|^2 &= (u_2v_3 - u_3v_2)^2 + (u_3v_1 - u_1v_3)^2 + (u_1v_2 - u_2v_1)^2 \\ &= (u_1^2 + u_2^2 + u_3^2)(v_1^2 + v_2^2 + v_3^2) - (u_1v_1 + u_2v_2 + u_3v_3)^2 \\ &= \|\mathbf{u}\|^2 \|\mathbf{v}\|^2 - \|\mathbf{u}\|^2 \|\mathbf{v}\|^2 \cos^2\theta \\ &= \|\mathbf{u}\|^2 \|\mathbf{v}\|^2 \sin^2\theta\end{aligned}$$

이다. 따라서

$$\|\mathbf{u} \times \mathbf{v}\| = \|\mathbf{u}\| \|\mathbf{v}\| \sin\theta$$

를 얻는다. 이 값은 벡터 $\mathbf{u}$와 벡터 $\mathbf{v}$를 두 변으로 하는 평행사변형의 넓이와 같다.

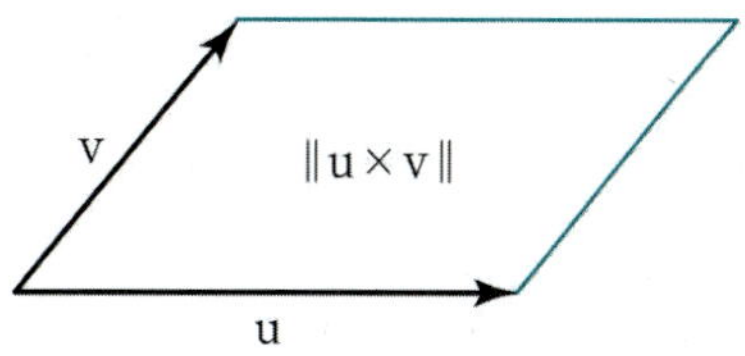

[그림 9.8] 외적의 크기

외적 $\mathbf{u} \times \mathbf{v}$와 벡터 $\mathbf{u}$가 이루는 각을 알아보자.

$$\begin{aligned}\mathbf{u} \times \mathbf{v} \cdot \mathbf{u} &= (u_2v_3 - u_3v_2)u_1 + (u_3v_1 - u_1v_3)u_2 + (u_1v_2 - u_2v_1)u_3 \\ &= 0\end{aligned}$$

이므로 $\mathbf{u} \times \mathbf{v}$는 $\mathbf{u}$와 수직이다. 마찬가지 방법으로 $\mathbf{u} \times \mathbf{v}$는 $\mathbf{v}$와 수직이다. 또 외적은 오른손 법칙에 의하여 그 방향이 결정된다. 손가락이 $\mathbf{u}$에서 $\mathbf{v}$ 방향이 되도록 오른손 주먹을 쥐고 엄지손가락을 폈을 때 엄지손가락 방향이 $\mathbf{u} \times \mathbf{v}$의 방향이다(그림 9.9).

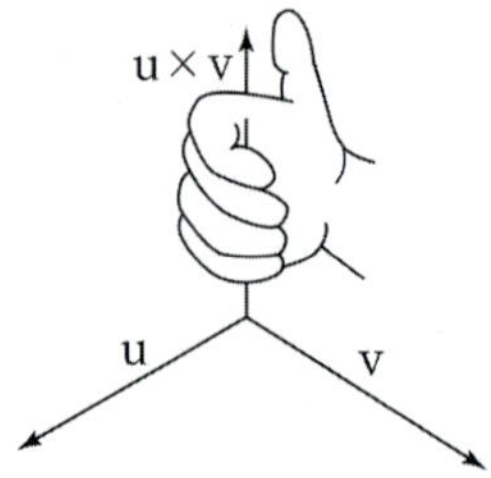

그림 9.9 외적의 방향

위 설명과 같이 $\mathbf{v}\times\mathbf{u}$의 크기와 방향을 계산하면 그 크기는 $\mathbf{u}\times\mathbf{v}$와 같고 방향은 반대이다. 곧,

$$\mathbf{v}\times\mathbf{u} = -\mathbf{u}\times\mathbf{v}$$

이다. 위 등식은 좌표를 직접 계산하여 얻을 수도 있다.

예제 9.4.2 네 점 $O(0, 0, 0)$, $P(2, 1, -4)$, $Q(5, 2, -1)$, $R(7, 3, -5)$를 꼭짓점으로 하는 평행사변형의 넓이를 구하여라.

풀이 $\overrightarrow{OP}+\overrightarrow{OQ}=\overrightarrow{OR}$이므로 평행사변형의 넓이는

$$\|\overrightarrow{OP}\times\overrightarrow{OQ}\| = \|(7,-18,-1)\| = \sqrt{374}$$

이다.

예제 9.4.3 세 점 $A(-1, 1, 3)$, $B(4, 1, -1)$, $C(0, 4, 3)$을 꼭짓점으로 하는 삼각형의 넓이를 구하여라.

풀이 삼각형 ABC의 넓이는 두 벡터 $\overrightarrow{AB}$, $\overrightarrow{AC}$를 두 변으로 하는 평행사변형의 넓이의 절반이므로

$$\triangle ABC = \frac{1}{2}\|\overrightarrow{AB}\times\overrightarrow{AC}\| = \frac{1}{2}\|(12, -4, 15)\| = \frac{1}{2}\sqrt{385}$$

이다.

9.4 연습문제

01 다음 외적을 구하여라.

(1) $(1, 2, 3)\times(1, -1, 2)$　　(2) $(a, b, c)\times(a, b, c)$

(3) $\mathbf{i}\times\mathbf{j}$　　(4) $\mathbf{i}\times\mathbf{k}$

02 세 벡터 $\mathbf{u}=(-3, 4, 1)$, $\mathbf{v}=(0, 2, 3)$, $\mathbf{w}=(1, 1, -1)$가 주어져 있다. 다음을 구하여라.

(1) $\mathbf{u}\times\mathbf{v}$　　(2) $\mathbf{v}\times\mathbf{w}$

(3) $\mathbf{u}\times(\mathbf{v}\times\mathbf{w})$　　(4) $\mathbf{u}\times(\mathbf{u}\times\mathbf{v})$

(5) $\|\mathbf{u}\times\mathbf{v}\|$　　(6) $\|\mathbf{u}\times\mathbf{w}\|$

(7) $\mathbf{u}\cdot(\mathbf{v}\times\mathbf{w})$　　(8) $(\mathbf{u}\times\mathbf{v})\cdot(\mathbf{u}\times\mathbf{w})$

03 네 점 $(1, 0, 1)$, $(1, 2, 4)$, $(2, 1, 0)$, $(2, 3, 3)$을 꼭짓점으로 하는 평행사변형의 넓이를 구하여라.

04 세 점 $(0, 0, 0)$, $(-3, 4, 1)$, $(1, 1, -1)$을 꼭짓점으로 하는 삼각형의 넓이를 구하여라.

이공학도를
위 한
대학수학

연습문제
해답

제1장 함수

1.1

1. (1) $(-2, 6]$ (2) $[a, a+3]$ (3) $[1, \infty)$ (4) $[-3, -2]$ (5) $(2, \infty)$
   (6) $(5, \infty) \cap (-\infty, -3)$

3. (1) 교환법칙 성립 (2) 항등원 : 0 (3) 4의 역원 : $-\frac{4}{5}$

5. (1) $x=\pm 3$ (2) $-3, 7$ (3) $x=1, 9$ (4) $x=-1, 7$

7. (1) 7 (2) 4 (3) 8 (4) 9

9. 덧셈의 역원 : $\sqrt{3}-\sqrt{5}$, 곱셈의 역원 : $\frac{1}{2}(\sqrt{5}+\sqrt{3})$

11. $k=0, 1$

13. $-a+b$

1.2

1. 생략

3. (1) $y=\frac{5}{4}x+\frac{7}{4}$ (2) $y=-\frac{4}{7}x+\frac{1}{7}$ (3) $y=-\frac{9}{5}x+3$ (4) $y=-\frac{4}{9}x+\frac{23}{3}$

5. $y=-3x-4$

7. $P\left(0, \frac{19}{6}\right)$

1.3

1. (1) $5x-2$ (2) $-x-6$ (3) $=6x^2-8x-8$ (4) $\frac{2x-4}{3x+2}\left(x \neq -\frac{2}{3}\right)$

3. (1) 정의역 : 실수 전체, 치역 : 실수 전체
   (3) 정의역 : $\{x \in \mathbb{R} \mid x \neq 5\}$, 치역 : $\{y \in \mathbb{R} \mid y \neq 0\}$
   (5) 정의역 : 실수 전체, 치역 : $\{y \in \mathbb{R} \mid y > 0\}$

5. $x=1$

1.4

1. (1) 1 (3) 4 (5) 4 (7) $\frac{5}{2}$ (9) 1

3. (1) $x=2$ (2) $x=\frac{11}{6}$ (3) $x=1$ (5) $x=3$ (6) $x=3$

5. (1) $x=-\frac{1}{6}$ (2) $x=-\frac{1}{2}$ (3) $x=-1,\ -4$ (4) $x=-\frac{2}{9}$

1.5

1. (1) $\sin\left(\frac{\pi}{3}\right)=\frac{\sqrt{3}}{2}$ (3) $\sin 150°=\frac{1}{2}$ (5) $\cos\frac{5}{4}\pi=-\frac{\sqrt{2}}{2}$ (7) $\sin\left(-\frac{\pi}{3}\right)=-\frac{\sqrt{3}}{2}$

   (9) $\tan 330°=-\frac{1}{\sqrt{3}}$

2. (1) $\sin^{-1}0=0$ (3) $\tan^{-1}\frac{1}{\sqrt{3}}=\frac{\pi}{6}$ (5) $\cos(\sin^{-1}0)=\cos 0=1$

   (7) $\tan\left(\tan^{-1}\frac{1}{\sqrt{3}}\right)=\frac{1}{\sqrt{3}}$

3. $\sin(\alpha+\beta)=\sin\alpha\cos\beta+\cos\alpha\sin\beta=\frac{17}{5\sqrt{13}}$, $\cos(\alpha+\beta)=\frac{6}{5\sqrt{13}}$

4. (1) $\cos\theta=-\frac{3\sqrt{5}}{7}$ (3) $\cos\frac{\theta}{2}=\frac{1+\cos\theta}{2}=\frac{7-3\sqrt{5}}{14}$

5. $\sin\theta=\frac{1}{\sqrt{5}}$, $\cos\theta=\frac{2}{\sqrt{5}}$

6. (1) $\sin\theta\cos\theta=\frac{4}{9}$

7. $n=0$이면 제1사분면의 각, $n=1$이면 제2사분면의 각, $n=2$이면 제4사분면의 각

8. $2r+l=40$, $S=\frac{1}{2}rl=\frac{1}{2}r(40-2r)=-r^2+20r=-(r-10)^2+100$

   $0<r<20$이므로 $r=10$일 때 S는 최대 100을 갖는다.

   중심각의 크기 : $\theta=\frac{l}{r}=2(rad)$

9. $\frac{1}{3}$

10. $\frac{1}{4}$

제2장 함수의 극한과 연속

2.1

1. (1) $\lim_{x\to-2} 5x+5=-5$ (3) $\lim_{x\to-1} x^3-3x^2+3=-1$ (5) $\lim_{x\to0} -3x^2+x-5=-5$

(7) $\lim_{x\to1}\frac{x^2+2x-3}{x-1}=\lim_{x\to1}\frac{(x+3)(x-1)}{x-1}=4$

(9) $\lim_{x\to2}\frac{x^2+2x-8}{x-2}=\lim_{x\to2}\frac{(x+4)(x-2)}{x-2}=6$ (11) $\lim_{x\to3}\frac{1}{(x-3)^2}=\infty$

(13) $\lim_{x\to\infty}\sqrt{x^2+1}-x=\lim_{x\to\infty}\frac{1}{\sqrt{x^2+1}+x}=0$

2. (1) $\lim_{x\to0}\frac{\sin 2x}{2x}=1$ (3) $\lim_{x\to0}\frac{\sin 2x}{x cos x}=2$ (5) $\lim_{x\to0}\frac{\sin x}{\sqrt{x}}=\lim_{x\to0}\frac{\sqrt{x}\cdot\sin x}{x}=0$

(7) $\lim_{x\to\frac{\pi}{4}}\frac{1+\cos x}{\tan 2x}=0$ (9) $\lim_{x\to0} x\cot 3x=\frac{1}{3}$

3. $a=6,\ b=6\sqrt{3}$

5. (1) 연속 (2) 연속

7. (1) 3 (2) -1

제3장 도함수

3.1

1. (1) 1 (2) 1

3. (1) $\lim_{x\to2}\frac{f(x^2)-f(4)}{x^2-4}(x+2)=4b$ (2) $\lim_{x\to2}\frac{x^2f(4)-4f(4)+4f(4)-4f(x^2)}{x-2}=4a=16b$

3.2

1. (1) $\frac{dy}{dx}=3x^2+10x-1$ (3) $\frac{dy}{dx}=\frac{-5x^2-2x+5}{(x^2-5x)^2}$

(5) $u=x^5-x^4$로 놓으면 $y=u^3$이므로

$$\frac{dy}{dx}=\frac{dy}{du}\cdot\frac{du}{dx}=3u^2\cdot(5x^4-4x^3)=3(x^5-x^4)^2(5x^4-4x^3)$$

(7) $\dfrac{dy}{dx}=7x^6+5x^4$

(9) $u=x^2-x+1$로 놓으면 $y=u^5$이므로

$$\frac{dy}{dx}=\frac{dy}{du}\cdot\frac{du}{dx}=5u^4\cdot(2x-1)=5(x^2-x+1)^4(2x-1)$$

(11) $\dfrac{dy}{dx}=\dfrac{dy}{du}\cdot\dfrac{du}{dx}=(3u^2+1)\cdot(2x)=2x(3x^4+1)$

(13) $\dfrac{dy}{dx}=\dfrac{dy}{du}\cdot\dfrac{du}{dx}=(3u^2+1)\cdot\left(\dfrac{1}{2\sqrt{x}}\right)=\dfrac{1}{2\sqrt{x}}(3x+1)$

3. (1) $\dfrac{dy}{dx}=-\dfrac{2}{3}$ (3) $\dfrac{dy}{dx}=\dfrac{2x-y}{x-2y}$ (5) $\dfrac{dy}{dx}=\dfrac{3x^2+2xy^2}{1-2x^2y}$ (7) $\dfrac{dy}{dx}=\dfrac{-2x-3}{2+8y}$

(9) $\dfrac{dy}{dx}=-\dfrac{(y^2+1)^{\frac{3}{2}}}{y}$ (11) $\dfrac{dy}{dx}=\dfrac{1}{y}$

5. $\displaystyle\lim_{x\to0}\frac{f(1+x)-f(1)}{x}+\frac{f(1-x)-f(1)}{-x}=f'(1)+f'(1)=2f'(1)=4$

3.3

1. (1) $2\cos2x-3\sin3x$ (3) $3\sec^2(3x-1)$

(5) $\dfrac{dy}{dx}=\sec(x^2)\tan(x^2)\cdot(2x)=2x\sec(x^2)\tan(x^2)$

(7) $\dfrac{dy}{dx}=2\cos2x+3\sec(x^3)\tan(x^3)\cdot(3x^2)=2\cos2x+9x^2\sec(x^3)\tan(x^3)$

(9) $\dfrac{dy}{dx}=2\sin x\cos x+3\cos^2(2x)(-\sin2x)2=2\sin x\cos x-6\cos^2(2x)\sin2x$

2. (1) $y'=2e^{2x}$ (3) $y'=(2x+1)e^{x+x^2}$ (5) $y'=\dfrac{1}{x}$ (7) $y'=\dfrac{3(\ln x)^2}{x}$

(9) $y'=e^x\ln x+e^x\dfrac{1}{x}=e^x\left(\ln x+\dfrac{1}{x}\right)$

3. (1) $y'=\dfrac{1}{\sqrt{1-x^2}}+\dfrac{1}{1+x^2}$ (3) $y'=\dfrac{1}{x\sqrt{x^2-1}}+\dfrac{2x}{\sqrt{1-x^4}}$ (5) $y'=-\dfrac{3}{\sqrt{1-9x^2}}$

(7) $y'=\dfrac{1}{x\sqrt{16x^2-1}}$ (9) $y'=\dfrac{3}{1+9x^2}$

4. (1) $f'(x)=2\sin^{-1}x(\sin^{-1}x)'=2\sin^{-1}x\frac{1}{\sqrt{1-x^2}}=\frac{2\sin^{-1}x}{\sqrt{1-x^2}}$

(3) $f'(x)=(2x+1)\tan^{-1}x+(x^2+x)\frac{1}{1+x^2}=(2x+1)\tan^{-1}x+\frac{x^2+x}{1+x^2}$

(5) $f'(x)=2^x\ln 2-\frac{1}{x}$ (7) $f'(x)=3^x\ln 3+\frac{5}{x}$ (9) $f(x)=\frac{1}{\ln 2x}\cdot\frac{2}{2x}=\frac{1}{x\ln 2x}$

(11) $f'(x)=3^x\ln 3\cos x+3^x(-\sin x)=3^x(\ln 3\cos x-\sin x)$

(13) $\frac{dy}{dx}=-\frac{\cos t}{\sin t}$ (15) $\frac{dy}{dx}=3t$

5. $y=ex$

7. (1) $y=4nx(x^4+2x^2)^{n-1}(x^2+1)$ (3) $\frac{dy}{dx}=-\frac{2\sin t}{\cos t}$

(5) $\frac{dy}{dx}=-\frac{1}{2\sqrt{x}}\frac{1}{(1-\sqrt{x})^{\frac{1}{2}}}\frac{1}{(1+\sqrt{x})^{\frac{3}{2}}}$ (7) $\frac{dy}{dx}=-\frac{x}{\sqrt[2]{(x^2+1)^3}}$

(9) $\frac{dy}{dx}=-\frac{\csc^2 x}{(1+\cot^2 x)}$ (11) $\frac{dy}{dx}=x^{\sin x}\left(\cos x\ln x+\frac{1}{x}\sin x\right)$ (13) $\frac{dy}{dx}=-\frac{\cos x}{1+\ln y}$

(15) $\frac{dy}{dx}=\frac{6\sin^{-1}3x}{\sqrt{1-9x^2}}$ (17) $\frac{dy}{dx}=-2xe^{-x^2}$ (19) $\frac{dy}{dx}=\frac{\sin t}{1-\cos t}$

8. (1) $y^{(n)}=\sin\left(x+\frac{n\pi}{2}\right)$ (2) $y^{(n)}=(-1)^{n-1}(n-1)!x^{-n}$ (3) $y^{(n)}=(\ln a)^n a^x$

(4) $y^{(n)}=k^n e^{kx}$

제4장 도함수의 응용

4.1

1. (1) $f(x)=x^2-2x+1,\ [0, 2]$

$f(x)=x^2-2x+1$는 닫힌구간 $[0, 2]$에서 연속이고, 열린구간 $(0, 2)$에서 미분가능하다. 또한 $f(0)=f(2)=1$이므로, 롤의 정리에 의하여 다음을 만족하는 $c\in(0, 2)$가 적어도 하나 존재한다.

$f'(c)=0$

$f'(x)=2x-2$이므로 $2x-2=0$이다. 따라서 $c=1$이다.

(3) $f(x)=x^4-x^2,\ [-2, 2]$

$f(x)=x^4-x^2$는 닫힌구간 $[-2, 2]$에서 연속이고, 열린구간 $(-2, 2)$에서 미분가능하다. 또한 $f(-2)=f(2)=12$이므로, 롤의 정리에 의하여 다음을 만족하는 $c\in(-2, 2)$가 적어도 하나 존재한다.

$f'(c)=0$

$f'(x)=4x^3-2x$이므로 $4x^3-2x=0$이다. 따라서 $c=0$ 또는 $\pm\dfrac{1}{\sqrt{2}}$이다.

2. (1) $f(x)=x^2-x+3,\ [0, 2]$

$f'(x)=2x-1$ 이므로,

$$\frac{f(2)-f(0)}{2-0}=\frac{(4-2+3)-3}{2-0}=1=f'(c)=2c-1$$

이므로 $c=1$를 얻는다.

(3) $f(x)=x^2-5x+6,\ [0, 2]$

$f'(x)=2x-5$ 이므로,

$$\frac{f(2)-f(0)}{2-0}=\frac{(4-10+6)-6}{2-0}=-3=f'(c)=2c-5$$

이므로 $c=1$를 얻는다.

(5) $f(x)=e^x,\ [0, 3]$

$f'(x)=e^x$이므로,

$$\frac{f(3)-f(0)}{3-0}=\frac{(e^3-1)}{3-0}=\frac{e^3-1}{3}=f'(c)=e^c$$

이므로 $c=\ln\left(\dfrac{e^3-1}{3}\right)$를 얻는다.

3. (i) $x=y$이면, 자명하다.

(ii) $x\neq y$이라면 $x<y$이라고 가정하자. 그러면 이때, 함수 $f(t)=\sin t$는 닫힌구간 $[x, y]$에서 연속이고, 열린구간 (x, y)에서 미분가능하므로, 평균값 정리에 의하여 다음을 만족하는 $c\in(x, y)$가 적어도 하나 존재한다.

$$\frac{\sin y-\sin x}{y-x}=f'(c)$$

$f'(t)=\cos t$이므로 $f'(c)=\cos c$이다. 즉,

$$\left|\frac{\sin x-\sin y}{x-y}\right|=|\cos c|\leq 1$$

$\therefore\ |\sin x-\sin y|\leq|y-x|$

4. $f(t)=\ln t$라 두면 $[x, x+1]$에서 연속 $(x, x+1)$에서 미분가능하므로 평균값 정리를 적용한다. 즉, $\dfrac{\ln(x+1)-\ln x}{(x+1)-x}=f'(c)=\dfrac{1}{c}$, $c\in(x, x+1)$, $\dfrac{1}{x+1}<\dfrac{1}{c}<\dfrac{1}{x}$이므로 주어진 부등식이 증명된다.

5. $f(x)=x^5+x^3-4x-1$라 두면 $f(1)<0$, $f(2)>0$이므로 적어도 하나의 실근이 $(1, 2)$ 사이에 존재한다. 만약 2개의 실근 x_1, x_2를 갖는다면 $f(x_1)=f(x_2)=0$이다. 롤의 정리에 의하여 $z\in(x_1, x_2)$ 존재해서 $f'(z)=0$이어야 한다. 그러나 $f'(z)=5x^4+3x^2-4>0$이므로 모순이다. 따라서 $(1, 2)$에서 단 하나의 실근이 존재한다.

4.2

1. (1) $\displaystyle\lim_{x\to\infty}\frac{x^2-x+3}{3x^2-2x+1}=\lim_{x\to\infty}\frac{2x-1}{6x-2}=\lim_{x\to\infty}\frac{2}{6}=\frac{1}{3}$ (3) $\displaystyle\lim_{x\to 0}\frac{e^x-1}{\sin x}=\lim_{x\to 0}\frac{e^x}{\cos x}=1$

(5) $\displaystyle\lim_{x\to 0+}\frac{e^{-x}}{\ln x}=\lim_{x\to 0}\frac{1}{e^x\ln x}=0$ (7) $\displaystyle\lim_{x\to 0+}x\ln x=\lim_{x\to 0+}\frac{\ln x}{\frac{1}{x}}=\lim_{x\to 0+}\frac{\frac{1}{x}}{-\frac{1}{x^2}}=\lim_{x\to 0+}(-x)=0$

(9) $\displaystyle\lim_{x\to 0}\frac{\tan x}{x}=\lim_{x\to 0}\frac{\sec^2 x}{1}=\lim_{x\to 0}\sec^2 x=1$

2. $\displaystyle y=\lim_{x\to 0^+}(\cos x)^{\frac{1}{x}}$에서 양변에 자연로그를 취하면

$$\ln y=\lim_{x\to 0^+}\frac{1}{x}\ln\cos x=\lim_{x\to 0^+}\frac{\ln\cos x}{x}=\lim_{x\to 0^+}\frac{-\frac{\sin x}{\cos x}}{1}=0$$

그러므로 $y=e^0=1$

3. $\displaystyle\lim_{x\to 0+}\frac{1}{x}-\frac{1}{\sin x}=\lim_{x\to 0+}\frac{\sin x-x}{x\sin x}=\lim_{x\to 0+}\frac{\cos x-1}{\sin x+x\cos x}=\lim_{x\to 0+}\frac{-\sin x}{\cos x+\cos x-x\sin x}=0$

4. $\displaystyle\lim_{x\to 0^+}x^x=\lim_{x\to 0^+}e^{x\ln x}=e^{\lim_{x\to 0^+}\frac{\frac{1}{x}}{-\frac{1}{x^2}}}=e^{\lim_{x\to 0^+}(-x)}=e^0=1$

5. $\displaystyle\lim_{x\to 0+}\left(1+\frac{1}{x}\right)^x=\lim_{x\to 0+}e^{x\ln\left(1+\frac{1}{x}\right)}=e^{\lim_{x\to 0+}\frac{\ln\left(1+\frac{1}{x}\right)}{\frac{1}{x}}}=e^{\lim_{x\to 0+}\frac{\frac{1}{1+\frac{1}{x}}\left(-\frac{1}{x^2}\right)}{-\frac{1}{x^2}}}=e^{\lim_{x\to 0+}\frac{x}{x+1}}=e^0=1$

6. $\displaystyle\lim_{x\to 0}(1-\sin x)^{\frac{1}{x}}=\frac{1}{e}$

4.3

1. (1) $f'(x)=2(x-1)$

x		1	
$f'(x)$	$-$	0	$+$
$f(x)$	↘	극소	↗

극솟값 : $f(1)=1$

(3) $f(x)=3x^4-4x^3-12x^2+1$

$f'(x)=12x(x^2-x-2)=12x(x-2)(x+1)$

x		-1		0		2	
$f'(x)$	$-$	0	$+$	0	$-$	0	$+$
$f(x)$	↘	극소	↗	극대	↘	극소	↗

극솟값 : $f(-1)=-4,\ f(2)=-31$

극댓값 : $f(0)=1$

(5) $f(x)=x+\sin x \quad (0<x<2\pi)$

$f'(x)=1+\cos x=0, \quad x=\pi$

$f''(x)=-\sin x=0, \quad x=\pi$

x		π	
$f'(x)$	$+$	0	$+$
$f(x)$	↗	변곡점	↗

극값이 존재하지 않는다.

2. (1) $f(x)=x-2x^4$,

$f'(x)=1-8x^3=(1-2x)(1+2x+4x^2)=0,\ x=\dfrac{1}{2}$

$f''(x)=-24x^2,\ f''\left(\dfrac{1}{2}\right)<0 \Rightarrow$ 극댓값 $f\left(\dfrac{1}{2}\right)=\dfrac{3}{8}$

(3) $f(x)=x^3-13x^2+40x,\ f'(x)=x^2-5x+6=(x-2)(x-3)$

$f''(x)=2x-5,\ f''(2)<0, \quad f''(3)>0$

극댓값 $f(2)=\dfrac{14}{3}$, 극솟값 $f(3)=\dfrac{9}{2}$

(5) $f(x)=x^3-3x^2-9x+3$

$f'(x)=3x^2-6x-9=3(x+1)(x-3) \Rightarrow x=-1,\ x=3$

$f''(x)=6x-6$

$f''(-1) < 0 \Rightarrow$ 극댓값 $f(-1) = 8$

$f''(3) > 0 \Rightarrow$ 극솟값 $f(3) = -24$

3. (1) $f(x) = x^4 - 4x^3$, $f'(x) = 4x^3 - 12x^2 = 4x^2(x-3) = 0 \Rightarrow x = 0, 3$

$f''(x) = 12x^2 - 24x = 12x(x-2) = 0 \Rightarrow x = 0, 2$

$f''(3) > 0 \Rightarrow$ 극솟값 $f(3) = -27$

변곡점 : $(0, 0)$, $(2, -16)$

(2) $f(x) = 3x^4 - 8x^2 + 9$

$f'(x) = 12x^3 - 16x = 4x(3x^2 - 4) = 4x(\sqrt{3}x + 2)(\sqrt{3}x - 2) = 0$

$\Rightarrow x = 0, \pm\dfrac{2}{\sqrt{3}}$

$f''(x) = 36x^2 - 16 = 4(9x^2 - 4) = 4(3x+2)(3x-2) = 0 \Rightarrow x = \pm\dfrac{2}{3}$

$f''(0) < 0 \Rightarrow$ 극댓값 $f(0) = 9$,

$f''\left(\dfrac{2}{\sqrt{3}}\right) > 0 \Rightarrow$ 극솟값 $f\left(\dfrac{2}{\sqrt{3}}\right) = 1$,

$f''\left(-\dfrac{2}{\sqrt{3}}\right) > 0 \Rightarrow$ 극솟값 $f\left(-\dfrac{2}{\sqrt{3}}\right) = 1$

변곡점 : $\left(\dfrac{2}{3}, \dfrac{163}{27}\right)$, $\left(-\dfrac{2}{3}, \dfrac{163}{27}\right)$

(3) $f(x) = \dfrac{6}{5}x^5 - 3x^4 + 4x^3 - 6x^2 + 6x$

$$\begin{aligned} f'(x) &= 6x^4 - 12x^3 + 12x^2 - 12x + 6 = 6(x^4 - 2x^3 + 2x^2 - 2x + 1) \\ &= 6(x-1)^2(x^2+1) = 0 \end{aligned}$$

$\Rightarrow x = 1$

$$\begin{aligned} f''(x) &= 24x^3 - 36x^2 + 24x - 12 \\ &= 12(2x^3 - 3x^2 + 2x - 1) \\ &= 12(x-1)(2x^2 - x + 1) = 0 \end{aligned}$$

$\Rightarrow x = 1$

변곡점 : $\left(1, \dfrac{11}{5}\right)$

(4) $f(x) = 3x^4 - 8x^3 + 6x^2 + 7$

$f'(x) = 12x^3 - 24x^2 + 12x = 4x(3x^2 - 4) = 12x(x-1)^2 = 0$

$\Rightarrow x = 0, 1$

$f''(x) = 36x^2 - 48x + 12 = 12(3x-1)(x-1) = 0 \Rightarrow x = \dfrac{1}{3}, 1$

$f''(0) > 0 \Rightarrow$ 극솟값 $f(0) = 7$,

변곡점 : $\left(\frac{1}{3}, \frac{600}{81}\right)$, $(1, 8)$

5. 가로: $\sqrt{2}a$, 세로: $\sqrt{2}a$인 직사각형

6. 부피 $V = \pi r^2 h = 16\pi \Rightarrow h = \frac{16}{r^2}$

   겉넓이 $S = 2\pi r^2 + 2\pi rh = 2\pi r^2 + 32\frac{\pi}{r}$

   $\frac{dS}{dr} = 0$에 의하여 $r = 2$

7. $S = \pi r^2$에서 $\frac{dS}{dt} = 2\pi r\frac{dr}{dt} = 2\pi \cdot 30 \cdot \frac{3}{2} = 90\pi(\text{cm}^{2}/\text{sec})$

9. (1) $y' = 3(x-1)(3x-1)$, $y'' = 6(3x-2)$이므로 $x = 1, \frac{1}{3}$에서 극점을 갖고, $x = \frac{2}{3}$에서 변곡점을 갖는다.

   (3) $y' = 2xe^x(2+x)$, $y''(x) = 2e^x(2+4x+x^2)$에서 $x = 0$에서 극소점, $x = -2$에서 극대점을 갖는다. $x = -2 \pm \sqrt{2}$에서 변곡점을 갖는다.

   (5) $y' = -\frac{4x}{(x^2+1)^2}$, $y'' = \frac{4(3x^2-1)}{(x^2+1)^3}$이므로 $x = 0$에서 극대점, $x = \pm\sqrt{3}$에서 변곡점을 갖는다(증감표, 그래프의 개형 생략).

제5장 극좌표

5.1

1. 생략

2. (1) $(0, 0)$ (3) $\left(-\frac{\sqrt{3}}{2}, -\frac{1}{2}\right)$ (5) $(2, -2\sqrt{3})$ (7) $\left(-\frac{\sqrt{2}}{4}, \frac{\sqrt{2}}{4}\right)$

3. (1) $\left[1, \frac{\pi}{2}\right]$ (3) $\left[2, -\frac{\pi}{6}\right]$ (5) $\left[2, \frac{3\pi}{2}\right]$ (7) $\left[3\sqrt{2}, \frac{5\pi}{4}\right]$

5.2

1. (1) $\theta = \frac{\pi}{4}$ (3) $r = 3$

2. (1) $y = 0$ (3) $x^2 + y^2 - x = 0$ (5) $x = 1$

3. 생략

4. (1) $y=\pi(x+\pi)$ (3) $y=\dfrac{1}{\sqrt{3}}x-2\sqrt{3}$

제6장 적분

6.1

1. (1) $\dfrac{1}{3}x^3-x$ (3) $\dfrac{1}{4}\sin 4x$

2. (1) $\dfrac{1}{2}x^2+x+C$ (3) $\dfrac{1}{7}x^7+C$ (5) $\dfrac{4}{5}\sqrt[4]{x^5}+C$ (7) $x-3\sqrt[3]{x^2}+C$ (9) $\tan x+C$

   (11) $\ln|x+1|+C$ (13) $2x-\ln|\cos x|+C$ (15) $\dfrac{1}{12}(x^2-2)^6+C$ (17) $\dfrac{1}{2}\tan^2 x+C$

   (19) $\ln|e^x-1|+C$ (21) $\dfrac{1}{\ln 3}3^x+C$ (23) $\dfrac{1}{2}(\ln(x+1))^2+C$

6.2

1. (1) $x\sin x+\cos x+C$ (3) $(x-1)\sin x+\cos x+C$

   (5) $\dfrac{1}{2}(x-1)^2\ln x-\dfrac{1}{4}x^2+x-\dfrac{1}{2}\ln x+C$ (7) $2xe^x-2e^x+C$ (9) $x^2e^x-2xe^x+2e^x+C$

   (11) $x\arctan x-\dfrac{1}{2}\ln(1+x^2)+C$ (13) $\dfrac{1}{3}\cos^2 x\sin x+\dfrac{2}{3}\sin x+C$ (15) $-\dfrac{1}{3}\cos^3 x+C$

   (17) $\dfrac{1}{3}\sin^3 x-\dfrac{1}{5}\sin^5 x+C$

2. (1) $\dfrac{1}{2}x\sqrt{9-x^2}+\dfrac{9}{2}\arcsin\left(\dfrac{1}{3}x\right)+C$ (3) $\dfrac{x}{2(x^2+1)}+\dfrac{1}{2}\arctan x+C$

3. (1) $\dfrac{1}{4}\ln\left|\dfrac{x-2}{x+2}\right|+C$ (3) $\dfrac{1}{8}\ln\left|\dfrac{x^2-4}{x^2}\right|+C$ (5) $\dfrac{1}{2}x^2-\dfrac{1}{2}\ln(x^2+1)+C$

6.3

1. (1) $\dfrac{1}{2}$ (3) $\dfrac{2}{3}$ (5) $\dfrac{1}{4}$

6.4

1. (1) $x\sin x^3$ (3) $2\cos(2x)^3$

2. (1) 10 (3) $\frac{15}{2}$ (5) 0 (7) $\frac{2}{3}(2\sqrt{2}-1)$ (9) $\frac{5}{3}$ (11) $\frac{3}{2}\sqrt[3]{2}-\frac{12}{5}\sqrt[3]{4}$

(13) e^2-1 (15) $\frac{1}{\ln 2}$ (17) 1 (19) 2 (21) 1

6.5

1. (1) $\frac{1}{12}$ (3) $\frac{15}{4}$ (5) $\frac{65}{4}$ (7) $\frac{2\ln 3}{3}$ (9) $\ln(e+1)-\ln 2$ (11) 0 (13) $\frac{15}{4}$

(15) $\frac{\pi}{6}$ (17) $\frac{\sqrt{2}}{2}+\frac{\sqrt{2}\pi}{8}-1$ (19) 1 (20) $2\ln 2-1$ (21) $\frac{2}{3}$

2. (1) $\frac{1}{2}\ln\frac{3}{2}$ (3) $\frac{1}{2}\ln\frac{5}{4}$

6.6

1. (1) ∞ (3) 1 (5) ∞ (7) 4 (9) ∞ (11) 1 (13) $-\frac{1}{2}$

3. $k<-1$이면 수렴, $k\geq-1$이면 발산

6.7

1. (1) $\frac{4}{3}$ (3) $e-1$ (5) $2\sqrt{2}$

3. (1) $\frac{7\pi}{3}$ (3) $\frac{\pi(1+e^2)}{4}$

4. (1) $\sqrt{5}-\sqrt{2}+\ln 2(1+\sqrt{2})-\ln(1+\sqrt{5})$

5. (1) $\frac{3}{2}t^2+2t$

제7장 급수

7.1

1. (1) $\frac{13}{99}$

2. (1) 발산 (3) 수렴 (5) 수렴 (7) 발산 (9) 수렴 (11) 수렴 (13) 수렴 (15) 수렴

7.2

1. (1) 수렴 반경 1, 수렴 구간 $(-1, 1)$ (3) 수렴 반경 1, 수렴 구간 $(-1, 1)$
   (5) 수렴 반경 1, 수렴 구간 $(-1, 1)$ (7) 수렴 반경 0, 수렴 구간 $x=0$
   (9) 수렴 반경 $\sqrt{3}$, 수렴 구간 $(-\sqrt{3}, \sqrt{3})$

7.3

1. (1) $2+x$ (3) $1-x+\frac{x^2}{2}-\frac{x^3}{6}$ (5) $1+x+x^2+x^3$ (7) $3+(x-1)$ (9) $1-\left(x-\frac{\pi}{2}\right)$

3. (1) $2+x$ (3) $1+2x+\frac{(2x)^2}{2!}+\frac{(2x)^3}{3!}+\cdots$

제8장 다변수 함수의 미분과 적분

8.1

1. (1) -12 (3) 2

3. (1) y^2-1 (3) $e+\ln y$ (5) $\frac{1}{2y}$ (7) $2yz-2\sin yz+1$

8.2

1. (1) $\frac{\partial f}{\partial x}=12x^2-3y^2$, $\frac{\partial f}{\partial y}=-6xy$, $\frac{\partial^2 f}{\partial x^2}=24x$, $\frac{\partial^2 f}{\partial x \partial y}=-6y$, $\frac{\partial^2 f}{\partial y^2}=-6x$

   (3) $\frac{\partial f}{\partial x}=e^y$, $\frac{\partial f}{\partial y}=xe^y$, $\frac{\partial^2 f}{\partial x^2}=0$, $\frac{\partial^2 f}{\partial x \partial y}=e^y$, $\frac{\partial^2 f}{\partial y^2}=xe^y$

(5) $\dfrac{\partial f}{\partial x}=\dfrac{1}{y}$, $\dfrac{\partial f}{\partial y}=\dfrac{-x}{y^2}$, $\dfrac{\partial^2 f}{\partial x^2}=0$, $\dfrac{\partial^2 f}{\partial x \partial y}=-\dfrac{1}{y^2}$, $\dfrac{\partial^2 f}{\partial y^2}=\dfrac{2x}{y^3}$

(7) $\dfrac{\partial f}{\partial x}=\dfrac{\partial f}{\partial y}=\dfrac{\partial f}{\partial z}=1$, $\dfrac{\partial^2 f}{\partial x^2}=\dfrac{\partial^2 f}{\partial y^2}=\dfrac{\partial^2 f}{\partial z^2}=\dfrac{\partial^2 f}{\partial x \partial y}=\dfrac{\partial^2 f}{\partial y \partial z}=\dfrac{\partial^2 f}{\partial z \partial x}=0$

2. (1) $\dfrac{\partial f}{\partial x}=2x-3y$, $\dfrac{\partial f}{\partial y}=2y-3x$

(3) $\dfrac{\partial f}{\partial x}=\left(\dfrac{1}{y}+x\right)e^{xy}$, $\dfrac{\partial f}{\partial y}=\left(\dfrac{x^2}{y}-\dfrac{x}{y^2}\right)e^{xy}$

(5) $\dfrac{df}{dt}=2t+4t^3$

(7) $\dfrac{\partial f}{\partial x}=2x+2y^2+4xy+4x^3+2xy^2$, $\dfrac{\partial f}{\partial y}=2y+2x^2+4xy+2y^3+2x^2y$

8.3

1. (1) 18 (3) $\dfrac{1}{2}(e-1)$ (5) 0

2. (1) 3 (3) 0

3. $\dfrac{h}{2}$

5. $\dfrac{4\pi r^3}{3}$

6. (1) 0 (3) 1

제9장 벡터와 행렬

9.1

1. (1) $(6,\ -2,\ 0)$ (3) $(3,\ 0,\ -9)$ (5) $(14,\ -4,\ -6)$ (7) $(3,\ -1,\ -6)$

2. (1) $a=1$, $b=1$, $c=-1$

3. (1) $a=0$, $b=-7$, $c=2$

9.2

1. (1) $\sqrt{6}$ (3) $\sqrt{3}$
2. (1) $\left(\frac{1}{\sqrt{3}}, \frac{1}{\sqrt{3}}, -\frac{1}{\sqrt{3}}\right)$
3. (1) -2 (3) 8 (5) $2\sqrt{5}$
4. (1) $\frac{\pi}{2}$ (3) π (5) $\arccos\frac{1}{\sqrt{3}}$
5. (1) $(0, 0, 0)$ (3) $\frac{4}{21}(2, 4, 1)$

9.3

1. (1) $(0\ 9)$ (3) $\begin{pmatrix} 3 & 1 \\ 1 & 0 \end{pmatrix}$
2. (1) $\begin{pmatrix} -4 & 3 & -4 \\ 9 & 9 & 5 \end{pmatrix}$ (3) (-2) (5) $\begin{pmatrix} 5 \\ -3 \\ 4 \end{pmatrix}$
3. (1) -3 (3) 1 (5) $1+a^2+b^2+c^2$

9.4

1. (1) $(1, 1, -3)$ (3) $(0, 0, 1)$
2. (1) $(10, 9, -6)$ (3) $(-11, -11, 11)$ (5) $\sqrt{217}$ (7) 25
3. $\sqrt{38}$

찾아보기

ㅇ

ㅈ

ㅊ

ㅌ

ㅍ

ㅎ

기타

이공학도를 위한

대학수학

지은이 최설희 · 박경수
펴낸이 조경희
펴낸곳 경문사
펴낸날 2021년 3월 2일 1판 1쇄
등 록 1979년 11월 9일 제1979-000023호
주 소 04057, 서울특별시 마포구 와우산로 174
전 화 (02)332-2004 팩스 (02)336-5193
이메일 kyungmoon@kyungmoon.com

값 21,000원

ISBN 979-11-6073-422-5